科技部"十三五"国家科技重大专项"多水源格局下水源-水厂-管网联动机制及优化调控技术"课题"管网泄漏在线监测定位装备研发"（2017ZX07108-002-07）

新型管理模式下的漏损控制技术及方法

毋　焱　著

清华大学出版社

北京交通大学出版社

·北京·

内 容 简 介

本书详细论述了供水企业新型管理模式下的漏损控制技术与方法，从管道基础知识、产生漏水的原因分析，直至整套系统化治理漏损方案。其中包括分区计量系统建设、常规声波检漏方法（如噪声法、听音法、相关分析法、在线监测相关定位法）、非常规检漏方法（气体示踪法、水中机器人检漏法、管道内窥法、探地雷达法、地表温度测量法、卫星遥测法）和供水管道维修。同时，把家庭渗漏水原因及其检测技术也做了比较详细的论述。本书还站在当前与未来发展的角度，介绍了将来应重视和发展的三个系统化建设。

本书适合水务局、供水企业、设计院及从事供水管网漏损控制的单位与人员，包括家庭检漏人员作为参考书，也适合相关高等院校作为教材或教学参考用书。

图书在版编目(CIP)数据

新型管理模式下的漏损控制技术及方法/毋焱著. —北京：北京交通大学出版社：清华大学出版社，2021.10
　　ISBN 978-7-5121-4551-1

Ⅰ. ①新…　Ⅱ. ①毋…　Ⅲ. ①城市供水系统-管网-检漏　Ⅳ. ①TU991.33

中国版本图书馆 CIP 数据核字(2021)第 161015 号

新型管理模式下的漏损控制技术及方法
XINXING GUANLI MOSHIXIA DE LOUSUN KONGZHI JISHU JI FANGFA

责任编辑：谭文芳
出版发行：清华大学出版社　邮编：100084　电话：010-62776969　http://www.tup.com.cn
　　　　　北京交通大学出版社　邮编：100044　电话：010-51686414　http://www.bjtup.com.cn
印刷者：艺堂印刷（天津）有限公司
经　销：全国新华书店
开　本：170mm×240mm　印张：12.75　字数：247千字
版印次：2021年10月第1版　2021年10月第1次印刷
定　价：59.00元

本书如有质量问题，请向北京交通大学出版社质监组反映。对您的意见和批评，我们表示欢迎和感谢。
投诉电话：010-51686043，51686008；传真：010-62225406；E-mail：press@bjtu.edu.cn。

编写委员会

序　言

在中国城市规划协会地下管线专业委员会所担负的工作范围中，城市供水管线是首推的重点。该委员会自 1996 年成立伊始，推动的第一项工作就是促进城镇供水管网漏损控制工作的开展，先后对国内 400 多个城市的供水管网进行了系统的漏水检测，效果显著，备受业内人士好评。目前，随着城市规模的扩大和县镇公共供水的快速发展，各类供水管线面临着诸多新问题和新困难，值得我们去研究和探索。

本书编者基于当前供水管网漏损控制方面的有关技术及工作，及北京埃德尔黛威新技术有限公司（本书以下简称"埃德尔公司"）承担的"十二五"课题"供水管网漏损监控设备研制及产业化"和"十三五"课题关于"多水源格局下水源-水厂-管网联动机制及优化调控技术"（2017ZX07108-002）中的子任务——管网泄漏在线监测定位装备研发（2017ZX07108-002-07）编写了本书，全书内容分为两篇，分别是供水漏控，家庭与建筑物渗漏检测与漏点定位。编者期望通过本书的出版助力于解决我国供水企业基于由漏损所引发的一系列的问题和困扰，实施规模化降损，切实把漏损率降低至国家目标 10% 以下，促进供水企业社会效益与经济效益的有效提升。

本书由埃德尔公司董事长杨帆女士担任总策划，埃德尔公司 CEO 毋焱女士担任主编，高伟、吴作辉、刘志强、袁敏、张平等五位同志担任副主编。第一篇供水漏控的编写分工为：第一章由埃德尔公司董事长杨帆女士编写；第二、三章由埃德尔公司高级工程师袁敏先生编写；第四章由北京智源人工智能研究院高级工程师张平先生编写；第五章由埃德尔公司董事长杨帆女士、高级工程师刘志强先生编写；第六章由埃德尔公司高级工程师高伟先生、天津大学精密仪器与光电子学院副教授封皓先生编写；第七、八章由埃德尔公司高伟、刘志强先生共同编写；第九章由埃德尔公司 CEO 毋焱女士编写；第十章由埃德尔公司董事长杨帆女士编写。第二篇家庭与建筑物渗漏检测与漏点定位，由深圳明晨渗漏检测智能技术有限公司高级工程师吴作辉、黄文涛先生及埃德尔公司高级工程师袁敏先生共同编写。

在本书的编写过程中，部分省、市、县供水企业的专业技术人员和管理人员，结合各自丰富的工作实际和经验体会，从不同的角度对本书各章节的相关内容和观点提出了非常具有真知灼见的修改意见和建议，在此一并表示衷心感谢。

2021 年 7 月

前　言

供水管网漏损率是体现供水企业产、供、销、建、管、修全过程管理水平的综合性指标。如何降低供水管网漏损率，是供水企业提高管理质量水平、增长经济效益的一项重要任务。简单地说，就是如何堵住漏损。随着社会的飞速发展，尽快建立行之有效的供水漏损控制一体化解决方案，科学系统地解决漏损问题，已经成为必然趋势。

在借鉴参考国际水协（IWA）漏损控制理论方法、住建部颁发的《城镇供水管网漏损控制及评定标准》《城镇供水管网分区计量管理工作指南》《城镇供水管网漏水探测技术规程》、国家发改委颁布的《国家节水行动方案》、中国城市规划协会地下管线专业委员会发布的《全国地下管线事故统计分析报告》，以及埃德尔公司承担的国家"十二五"课题"供水管网漏损监控设备研制及产业化"成果之一《分区计量管理理论与实践》等的基础上，作者从埃德尔公司承担的国家"十三五"课题"多水源格局下水源-水厂-管网联动机制及优化调控技术"中的任务出发，会同山东、江西、黑龙江、新疆、青海、西藏、福建、河北、山西、四川等供水企业的有关专家，组织编撰了本书。

漏损控制方法具体包括实施应用供水管网分区计量系统、漏水探测、漏水修复、压力管理、管网更新、计量误差与其他漏失问题（简称管理漏失）的处置等。自埃德尔公司从 2009 年开始推广应用分区计量系统以来，广大水业同仁都充分认识到分区计量系统是一个自上而下的系统工程，需要在不断总结经验教训中前行。为此，本书一开篇就阐述了构建新型管理模式是供水企业系统治理漏损、实施规模化降损的充分必要条件。实施分区计量系统，供水企业须要建立新型管理模式，以保障稳定、持续、长久的漏损治理。我国目前有些供水企业实施分区计量系统以后，降损成效有限，其根本原因在于：在引入分区计量系统以后，没有及时配套实施新型管理模式，这一点务必要引起足够的重视。

分区计量系统是在管网上建立的主动、常设、动态的漏损监测与控制系统，把供水管网按照一定的原则与机理分隔成为一定数量的、相对独立的计量区域，对流入该区域的流量进行在线监测，以便对每一个区域的泄漏水平进行定量分析，这样就可以始终把检漏重点放在漏失最为严重的区域，再加以配套应用埃德尔公司"十三五"子任务成果"管网泄漏在线监测定位装备"（本书统称为在线渗漏预警与漏点定位系统），这样，一旦漏失超过限定水平，不仅可及时发现新的漏损区域，而且可以及时监测到漏失管段，继而定位相关漏损点，显而易见，检测效率得到了快速的提升，从而极大地降低了经济损失。

传统的漏损控制解决方案是建立一支专业的检漏队伍，使用当前先进的检测技术和设备，快速定位漏水点；一旦实施应用了分区计量系统以后，检漏技术就转型成为漏损控制的配套技术；再配套"十三五"课题任务成果在线渗漏预警与漏点定位系统就可以实施规模化漏损控制。按照国家有关规定，在正常情况下，物理漏失不能超过70%，那么还有30%是其他漏失。为此，本书除了比较系统地论述了目前应用广泛的声波探测方法、相关分析法、在线监测相关定位法外，还对气体示踪法、探地雷达法、水中机器人检测法、管道内窥法、卫星遥测法等其他检测方法做了论述。此外还论述了其他漏失处置方法，便于解决营销、抄表、计量损失与其他漏失等有关问题。

总之，本书系统论述了漏损控制的一系列技术与产品，并提供了系统化解决方案，从而达到降低供水企业运营中的经营管理风险，实现稳定、持续地把漏损降低到合理水平的目标，保障供水系统的安全运行，给供水企业带来巨大的经济效益和社会效益。

本书共分两篇，第一篇以解决供水企业漏损控制为主，指出供水企业建立新型管理模式是"系统治理"漏损的组织保障，并从建设供水管道出发，系统地叙述了我国现阶段供水管网构成、管网探测方法、地理信息系统的建设、分区计量系统的建设与管理、漏水成因与对策、漏损控制方法、管道维修漏损控制队伍的建设与管理，以及大数据下的管网改造等问题，并探讨了未来供水企业发展的三位一体系统化建设。第二篇以提供家庭检漏专业人员有关知识为主，本书节录了由深圳明晨渗漏检测智能技术有限公司为主体编制的、有关家庭与建筑物渗漏的基本知识，其中相当部分已经编入了深圳相关规程。

希望读者通过本书能了解构建供水企业新型管理模式是"系统治理"漏损的充分必要条件；掌握相关技术、原理、仪器设备的应用场景与方法，以真正实现降低供水企业漏损率，保证达标的最终目标；同时希望家庭检漏专业人员在理论水平与实践能力上有更大的提高！

同时，此书对我国城市其他地下管网的规范管理，也有一定的学习借鉴价值。

中国国际科技促进会县镇水务分会常务副秘书长

张润平

2021 年 6 月

目　　录

第一篇　供　水　漏　控

第二篇　家庭与建筑物渗漏检测与漏点定位

供水漏控

本部分主要从我国供水企业管网漏控系统治理、规模化降损的目标出发，论述供水企业有关管理组织结构调整及相关漏控技术，并介绍供水行业未来三个系统化的发展趋势。

第一章　构建新型管理模式是
系统治理漏损的充分必要条件

降低产销差、漏损率、抓好漏损控制一直是国家和供水企业注重而又棘手的问题。虽然国家一直在狠抓、制定政策、提出要求，并略有成效，但是供水企业真正实现国家规定的10%的漏损控制目标仍然比较困难。针对这个问题作者汇同一些供水企业领导及一线人员做了深入探讨和研究，提出了一个值得大家关注的课题，即"新型管理模式下的漏损控制技术及方法"。

本章着眼于"为什么这么多年来年年抓、月月抓检漏工作，然而，漏损的反弹持续不断，未注册用水依然存在"，如何才能比较彻底、持续、长久、稳定地把漏损降低到一个合理的水平？作者结合我国现代经济快速发展进程中一些与供水企业有关的问题，基于对国际水协IWA白皮书的简析，从而引发大家对建立新型管理模式对漏损控制以及未来发展重要性的思考。

第一节　当前社会发展对供水企业管理模式的主要影响

当前社会发展对供水企业的直接影响主要有如下三点。

① 我国社会经济实力显著增强，但是长期形成的结构性矛盾和粗放型增长

方式尚未根本改变；

②虽然社会主义市场经济体制初步建立，但是影响发展的体制、机制、客观载体及思维障碍依然存在；

③随着政治经济体制改革继续深化，我国全面深入发展工业化、信息化、城镇化、市场化，自觉走科学发展道路，建设具有中国特色社会主义的供水企业，是我们共同奋进拼搏的发展方向。

第二节　国际水协 IWA 白皮书的启示

要充分注意到互联网对节约水资源的影响。国际水协 IWA 数字水务白皮书中指出："数字化的解决方案可以借助传感器、智能水表、压力控制系统等，增强对城市水资源的保护力度，缓解整个城市的水资源压力。"国际水务智库指出："全球在饮用水治理、分配、用户服务、计量和计费方面共可节省开支约 1760 亿美元……"①

①IWA 数字水务白皮书中指出："智能家居"这一概念为提高水资源的可持续性带来了一系列全新的机会。昆士兰麦凯区市政府则引入了自动抄表技术，帮助消费者更好地管理用水，节约开支。如果出现漏水现象，数字水表还能及时提醒消费者和供水企业，方便尽早解决问题，减少水资源的浪费。

②互联网技术的应用可以提升供水企业的经济效益。但是需要通过"优化流程、提高用户参与度、加强规章遵循程度"②实现。

③由于越来越多的数字、智能、智慧技术得到应用，而且未来还会随着水资源管理方式的演变而继续演变，无论是拓展供水基础设施网络，还是应用信息技术，都离不开人力资源，因此员工对 VR（virtual reality，虚拟现实）、AR（augmented reality，增强现实）、AI（artificial intelligence，人工智能）技术的运用能力变得至关重要。供水行业的可持续发展与网络信息技术的运用息息相关。

④互联网信息技术在供水行业拓展的同时，供水行业对互联网信息技术的需求也在不断增加。全球正努力赶在 2030 年前达成可持续发展目标 6（SDG6）③，但基础设施与设备老旧的问题也随之而来。2021 年，全球对监控方案的需求将上涨至 301 亿美元。如果供水企业能够提前打造智慧水务平台，那未

---

①《数字化助力水务经济发展——IWA 数字水务白皮书（二）》

②《数字化助力水务经济发展——IWA 数字水务白皮书（二）》

③SDG6（为所有人提供水和环境卫生并对其进行可持续管理）是联合国 2030 可持续发展目标的重要内容，也是联合国在 2018 年重点关注的 4 项 SDG 目标（SDG1 减贫、SDG6 水、SDG11 城市、SDG15 生态）中的一项。目前 SDG6 中共包含 8 项具体目标和 11 个具体指标，涵盖了水资源、水环境、水生态以及与水相关的国际合作等多个主题。

来便能在这个市场中如鱼得水，获得更加可观的经济效益。

第三节　我国供水企业发展概括及特点简析

随着我国工业化、信息化快速推进，特别是现代互联网技术在供水企业的应用及发展，供水企业将成为我国未来发展最快行业之一。

① 我国供水市场基本呈现用水需求总量持续平稳增长的态势。信息技术是驱动降低能耗、实施国家节水行动的基础，以技术推动供水行业市场供给侧结构性改革，通过价格引导方式提升供水能力和改善居民用水习惯，是未来大水务市场空间向外延展的重要推力。

② 必须注意到，当前供水行业运营模式较为多元，其投资主体由国有资本和社会资本共同主导，供水企业运营模式正在向委托运营模式、PPP（public-private partnership，公私合作）、EPC（engineering procurement construction，工程总承包）及 EPCO（EPC & operation manager，工程总承包和运营管理）等模式转化。各种模式进行水务经营的前提是取得政府授权。

③ 近年来，水务一体化管理体制改革取得了一定的成效。但目前水务体制改革采取的是自下而上的改革方式，各地改革不同步，存在上下级管理体制、机构和职能不对口等问题。因此，水务管理一体化体制改革还需继续深化。水务行业管理体制由部门分割管理向水务管理一体化体制进一步转化，使水资源处于统一的系统调度之下。供水被纳入水务统一管理中，促进了水源与供水设施的有效衔接。加快水源工程建设和供水管网改造，扩大了供水能力和服务范围。

④ 供水规模的新增要求需要加快城乡供水管网建设和改造，降低公共供水管网漏损率。在快速发展的同时，我们必须看到中国水务行业发展还存在不少问题，急需提升与改进。与本书编辑宗旨相关的内容有：水资源浪费严重；工业生产用水效率低，导致成本偏高，产值效益不佳，单方水的 GDP 产出为世界平均水平的 1/3；全国大多数城市工业用水浪费严重，漏损率与达到国家漏损控制目标还有一段距离，与发达国家仍存在差距。因此，如何彻底实现持续、稳定、系统地治理供水企业漏损，实施规模化降损，是本书的主要目标，而实现这一目标的首要举措就是建立供水企业的新型管理模式。

第四节　建立新型管理模式的理论依据与实施必要性

随着全球数字城市、智慧城市进程的逐步加快，我国智慧化城市建设与管理的进程也随之加快，作为智慧城市重要组成部分的供水行业更要加快智慧化建设。本书以拓展创新智慧水务管理架构新模式，持续、稳定降低漏损率为前提，围绕漏损控制相关问题，从管道埋设、探测、管网改造、维修、系统治理、漏损技术与方法，提出在新型管理模式下，以分区计量系统化建设为基础，逐步实现供水企业组织架构系统化，信息技术系统化的三位一体系统化建设。

一、企业管理的五大关键因素

根据企业管理理论，通常而言，企业管理的五大关键要素是计划、流程、组织、战略、文化管理。而组织架构的设置是按照企业管理的目标，根据实际情况对管理涉及的内容在各有关管理环节中有效地体现出来，以达到企业管理目标。一个好的企业管理组织架构，应符合这五个关键要素的和谐发展、协同作用。而这五个要素的协同就是企业的系统能力，企业的系统能力越强，收到的经济效益、社会效益就越大。一个具备了系统能力的企业才具有企业发展的核心动力与能力。

二、系统治理漏损的充分必要条件

在控制漏损工作中，不少供水企业多年来都是通过漏水检测的方式进行漏损控制工作的。从设备的购置到检漏人员的配置，确实做了大量的工作，取得了一定的效果。但是大家熟知的"产销差率"，住建部颁发的《城镇供水管网漏损控制及评定标准》（CJJ 92—2016）（以下简称《评定标准》）中的漏损率，常有反弹，相当一部分供水企业达不到国家要求的漏损控制目标。最近几年来有不少供水企业实施了分区计量系统，但有些没有达到预期目标，反而造成了新的浪费，深入调查研究后发现主要存在以下问题。

① 没有严格按照《评定标准》的规定与要求执行，系统治理漏损存在较大差距，因而达不到国家要求的漏损控制目标。所谓漏损，不仅是管网物理漏失，也包括计量误差漏失与其他漏失，简单地说，就是管理漏失。一般情况下，物理漏失占比较高，但是在有些供水企业，其他漏失占比反而要高。

② 应用新型组织管理模式是系统治理漏损的组织保障。前面提到，我国目前仍处于经济快速发展时期，随着经济政治改革不断深化，现代信息技术的快速推进对供水企业的组织架构、管理模式都提出了更高的要求。如何建立符合智慧水务发展的管理体系，实现信息化、精细化、系统化管理，是供水企业面临的重要挑战。

③ 为了控制漏损，虽然有的供水企业实施了分区计量系统，在供水管网上应用了监测仪器，为实现智慧供水奠定了硬件基础，但是还没有建立起相应的分区计量系统运营管理流程，也没有配备相应的系统分析工程师，这也是导致漏损率反弹的原因之一。此外，虽然有信息监管，但是监管的是信息，而不是经过漏损分析处理的数据。

④ 相当部分供水企业的组织架构仍然停留在计划经济时代，包括思维模式，因此，运营机制、体制跟不上互联网信息化时代的发展，也严重影响漏损控制协调与有关问题的处置。

综上所述，为了实现漏损的"系统治理"，规模化降损确实达到国家 10% 以内的漏损控制目标，从影响供水企业漏损控制相关因素角度出发，本书将系统化地论述有关问题，包括从管道、水厂的基础设施起步建设、到维护、改造、漏损成因及管道漏失处置的方法，一直到建设、应用分区计量系统配套的新型管理模式。

第二章　供水管道基础知识

第一节　供水管道现状概述

根据《2019年城市供水统计年鉴》，我国2018年城市供水管网平均产销差率为23.22%，年漏损量近100亿 m³，相当于漏掉1.45个太湖。如此巨大的漏水量既是水资源的极大浪费，也是供水企业的巨大损失。

《评定标准》规定管网漏失不得超过总漏损量的70%。根据上述有关规定与资料，充分说明研究管网基础知识、管道管材、管道敷设等管网建设的有关内容，对漏损控制非常重要。

一、供水管道是城乡、居民生存发展的主动脉

供水管网是连接水厂和用户水表（含）之间的管道及其附属设施的总称。

水是生命之源，供水管道是城乡的主动脉、血管，是事关国计民生的基础性自然资源和战略性经济资源，是生态环境的控制性要素。我国人多水少，平均水资源占有率低，水资源时空分布不均，供需矛盾突出，社会节水意识不强、用水粗放、浪费严重，水资源利用率与国际先进水平存在较大差距，水资源短缺已经成为我国生态文明建设和经济社会可持续发展的瓶颈制约。

城镇供水管网结构复杂、规模巨大，是保障居民生活、企业生产、公共服务和消防等各方面用水的城市基础设施的重要组成部分，也是供水企业实现"优质供水，服务社会"的基础，因此供水管道的工程质量及管理方式的现代化水平对智慧城市和智慧供水都有很大影响。

随着我国城市建设的不断发展，城镇供水管道越来越多，管材越来越多样化，埋设条件越来越复杂，老龄化管道越来越多，供水公司漏损控制的压力也越来越大。由于城镇供水管网的多样性和复杂性，导致了漏损率居高不下，时有反弹，可以说严重影响着水资源利用、社会发展和人民安全。

二、供水管网系统组成

供水管网担负着供水的输送、分配、压力调节、流量调节任务。供水管网系统由输水管、配水管和附属设施构成。

1. 输水管

输水管是从水源地到水厂或从远距离的水厂到配水管网的管道。输水管的特点是通常没有分支或有很少分支、管径粗、流量大、材质要求高、安全性能尤为重要。

2. 配水管

配水管是将水输送到用户的管道，担负着向用户供水的任务，通常由干管、连接管、分配管和接户管等构成。干管将水输送给用水区域，同时也向沿途用户供水；连接管用于连接各干管，以均衡各干管的水压和流量；分配管从干管取水分配到各用水区域，以及向消火栓供水；接户管是从分配管或直接从干管、连接管引水到用户的管道。

3. 附属设施

附属设施是供水管道必备的配件，主要包括阀门、消火栓、调压调流装置（包括二次供水）、排气阀、泄水阀等。

供水管网系统除了管道材质对漏失有影响以外，各作用管道之间的连接点与其附属设施相互构建质量往往也是造成管网漏失的重要因素。

第二节　供水管道材质、分类与特性

管道材质是影响管网漏失的重要因素之一。

一、供水管道材料的要求

通常而言，对管道材质的要求有以下五点。

1. 密闭性能好

密闭性能好是管道材质最基本的要求。这样有利于供水管道减少水量漏失，最大限度降低漏损，避免管道检修时外界污水渗入。

2. 化学性质稳定

供水管道要求材料的化学性质必须稳定。供水管道内壁必须具有耐腐蚀性，不会受到水中各种物质的侵蚀，同时也不会向水中析出有毒、有害物质，保证水质安全。

3. 水力条件好

供水管道必须水力条件好。供水管道是带压管道，管道内壁应光滑、不易结垢，以减少水头损失，减低常年供水电耗。

4. 施工维修方便

良好的施工性能可以降低施工成本，尽可能地缩短维修所造成的停水时间，便于保障居民用水。

5. 管材综合性能好

为了保障安全供水、减少成本，要求管材韧性好、折旧费用低、使用寿命长。

二、常用供水管道分类

供水管道按管道材质通常分为三大类：金属管道、塑料管道及复合管材管道。

1. 金属管道

金属管道主要分为：钢管、镀锌管、铸铁管、不锈钢管、铜管五种，具体性能对比见表 2-2-1。

表 2-2-1　金属管道性能对比表

管　材	优　点	缺　点
钢管	强度高、耐振动、重量轻、接头少、以及加工接头方便	承受外载荷的稳定性较差，耐蚀性差、造价高
镀锌管	抗震、价格低	易锈蚀、污染水质、内壁不光滑易滋生细菌
铸铁管	强度高、薄壁、耐压、耐冲击、耐腐蚀	可探测性能弱、重量较大
不锈钢管	强度高、薄壁、耐压、耐冲击、耐腐蚀、抗震强度高、薄壁、耐压、耐冲击、耐腐蚀、抗震	价格高
铜管	重量轻、化学性能稳定、耐腐蚀、耐热、耐压强度高、柔性好、机械性能好、热传导率高、膨胀系数低、抗震抗冲击性能好、抑菌	价格高昂

（1）钢管

钢管的优点是强度高、耐振动、重量轻、接头少及加工接头方便；缺点是承受外载荷的稳定性较差，管壁内外都需有防腐措施，因此造价高。

钢管分为无缝钢管与焊接钢管两大类，焊接钢管有直缝钢管和螺旋卷焊钢管。

目前钢管主要用在管径大和水压高的管段，以及因地质、地形条件限制或穿越铁路、河谷和地震区时使用。

（2）镀锌管

镀锌管道已经很少使用。它比钢管价格低，但防腐性能相对较差。由于镀锌管存在锈蚀问题造成水中重金属含量升高，内壁不光滑容易滋生细菌等，影响水质和使用年限。

镀锌管主要用于消火栓和自动喷水灭火系统。生活用水一般采用的镀锌管是内衬聚乙烯（polyethylene，PE）或聚丙烯（polypropylene，PP）的镀锌管。

（3）铸铁管

铸铁管一般包括普通灰口铸铁管和球墨铸铁管。

灰口铸铁管优点是具有较强的耐腐蚀性；缺点是质地较脆，抗冲击和抗震能力较差，重量较大，且经常发生接口漏水、水管断裂和爆管事故，给生产带来很大的损失。灰口铸铁管由于使用口径小，材质不稳定，发生爆管事故多，现在在供水工程中基本不再使用。

球墨铸铁管具备了铸铁管和钢管的材质优点，同时避免了铁和钢的缺陷。

球墨铸铁管主要由低硫、低磷优质铸铁，经球化处理后使用，碳以球状游离石墨的形态存在。球墨铸铁消除了片状石墨引起的金属连续性被割断的缺陷，既保留了铸铁的铸造性能、耐腐蚀性能，又增加了抗拉性、延伸性、弯曲性和耐冲击性。因此球墨铸铁具有强度高、薄壁、耐压、耐冲击、耐腐蚀、抗震等性能，使用量比较大。

（4）不锈钢管

不锈钢管都是有缝焊接管，一般用做室内供水管，优点是壁薄、重量轻、抗冲击、强度高、刚度高、水阻力小、热传导率低、膨胀系数低，表面有一层致密的铬氧化物保护膜，防腐蚀性能好，经久耐用，卫生可靠且100%可回收再利用，环保性能好。缺点是价格相对较高。

（5）铜管

铜管一般采用薄壁紫铜管，主要用于热水管道。优点是重量轻、化学性能稳定、耐腐蚀、耐热、耐压强度高、柔性好、机械性能好、热传导率高、膨胀系数低、抗震抗冲击性能好、对某些细菌生长有抑制作用、100%可回收再利用，环保性能好。缺点是价格略高。

2. 塑料管道

随着社会的发展，塑料管道应用得越来越多。常用的塑料管道一般划分为九种，其中，用于供水管道的大致有三种：聚乙烯（PE）管、聚丙烯（PP）管和硬聚氯乙烯（unplasticized polyvinyl chloride，UPVC）管，其主要性能对比见表2-2-2。

表 2-2-2　常用塑料管道性能对比表

管　材	优　点	缺　点
聚乙烯管（PE）	密度小、耐腐蚀、接头牢固、无毒、卫生、水力性能好、管道阻力小、韧性高、挠性优良、抗刮痕、良好的快速裂纹传递抵抗能力、使用寿命长、安全可靠、原料可回收利用	强度低，不耐高温

管　　材	优　　点	缺　　点
聚丙烯管（PP）	质量小、耐腐蚀、不结垢、抗老化、使用寿命长、卫生、连接可靠	低温下抗冲击性能差、耐候性不佳、表面装饰性差
硬聚氯乙烯管（UPVC）	质量小、耐腐蚀、不易结垢、阻燃性和自熄性、耐老化、内壁光滑、流体输送能力强，易扩口、易黏接、易弯曲、易焊接、价格低	韧性低、膨胀系数大，使用温度范围窄

（1）聚乙烯管

聚乙烯（PE）是乙烯经聚合制得的一种热塑性树脂。聚乙烯以聚合方法、分子量高低、链接结构之不同，分为高密度聚乙烯（high density polyethylene，HDPE）、低密度聚乙烯（low density polyethylene，LDPE）。常用的有聚乙烯管和高密度聚乙烯管两种。

聚乙烯管具有密度小、耐腐蚀、接头牢固、无毒、卫生、水力性能好、管道阻力小、韧性高、挠性优良、抗刮痕、良好的快速裂纹传递抵抗能力、使用寿命长、安全可靠、原料可回收利用等优点。

高密度聚乙烯管（HDPE）具有优良的耐腐蚀性、韧性、耐磨性、刚性、弯曲性，抗冲压、耐高温、质量小等优点。

（2）聚丙烯管

聚丙烯（PP）是由丙烯加聚合反应而成的聚合物。

常用的聚丙烯管有无规则共聚聚丙烯管（polypropylene-random，PP-R）和改性均聚聚丙烯管（polypropylene-homo，PP-H），其中供水管道应用较多的为PPR管。聚丙烯共聚物管（PPR）具有质量小、耐腐蚀、不结垢、抗老化、使用寿命长、卫生、连接可靠等优点。

在80℃以下能耐酸、碱、盐液及多种有机物溶剂的腐蚀。低温下抗冲击性能差、耐候性不佳、表面装饰性差等问题，对聚丙烯进行共聚改性、交联改性、接枝共聚改性、添加成核剂使聚丙烯高分子组分与大分子结构或晶体构型发生改变而提高其机械性能、耐热性、耐老化性等性能。

（3）硬聚氯乙烯管

硬聚氯乙烯管常用于供水管道，具有质量小、耐腐蚀、不易结垢、阻燃性和自熄性、耐老化、内壁光滑、流体输送能力强、易扩口、易黏接、易弯曲、易焊接及价格低的特点，但是使用温度范围较窄。

3. 复合管材管道

复合管材管道具有金属管和非金属管材的优点。金属复合管是以金属管材与热塑性塑料复合结构为基础的管材，内衬塑聚乙烯、聚丙烯或外焊接交联聚乙烯的非金属材料成型。复合管材大致分为：钢塑复合管、涂塑钢管、钢骨架管、不锈钢复合管、铝塑复合管、铝合金衬塑复合管和水泥管等七种，主要性能对比见表 2-2-3。

表 2-2-3 复合管材管道性能对比表

管 材	特 点
钢塑复合管	抗冲击、耐高压、耐油性、防火性能强、内壁光滑不结垢、流体阻力小
涂塑钢管	优秀的耐腐蚀性和较小的摩擦阻力、耐高温和极低温度
钢骨架管	强度高、抗冲击、质量小、双面防腐、内壁光滑
不锈钢复合管	耐腐蚀、耐磨、抗弯强度高抗冲击
铝塑复合管	保温性好、内外壁光滑
铝合金衬塑复合管	质量小、阻氧、抗紫外线照射
水泥管	强度高、价格便宜、质量大、易裂缝、管粗糙

（1）钢塑复合管

钢塑复合管是以无缝钢管、焊接钢管为基管与热塑性塑料复合结构为基础的管材，管道内壁衬塑聚乙烯、聚丙烯或外焊接交联聚乙烯的非金属材料成型。钢塑复合管同时具有钢管和非金属管材的优点，如抗冲击、耐高压、耐油性、防火性能强、内壁光滑不结垢、流体阻力小等。

（2）涂塑钢管

涂塑钢管是在钢管内壁熔融一层壁厚 0.5~1 mm 的聚乙烯树脂、乙烯-丙烯酸共聚物、环氧粉末、无毒聚丙烯或无毒聚氯乙烯等有机塑料，采用预热内装或内涂流平工艺制成的内涂复合钢管。

（3）钢骨架管

钢骨架管是以低碳钢丝为增强项，高密度聚乙烯为基体，通过对钢丝点焊成网与塑料挤出填注同步进行，连续拉膜成型的双面防腐压力管道，主要用于市政、化工、油田管网。

（4）不锈钢复合管

不锈钢复合管是由不锈钢和碳素结构钢两种金属材料采用无损压力同步复合而成的新材料，兼具不锈钢抗腐蚀、耐磨，以及碳素钢良好的抗弯强度和抗冲击性、耐高压、刚性好、机械性能好、安全卫生等优良性能。

（5）铝塑复合管

铝塑复合管按聚乙烯材料的不同分为两种：适用于热水的交联聚乙烯铝塑管和适用于冷水的高密度聚乙烯铝塑复合管，主要用于建筑内配水支管和热水器管。铝塑复合管是中间一层为焊接铝合金，内外各一层聚乙烯，经胶合层黏接而成的五层管材。同时具有乙烯塑料管和铝合金管的优点，耐腐蚀、保温性能好、流体阻力小、不结垢、耐高压。

（6）铝合金衬塑复合管

主要用于生活冷热水管。铝合金衬塑复合管外管为铝合金管，内管为热塑性塑料，外管主要起结构承载和阻氧作用，内管壁光滑不结垢。

（7）水泥管

水泥管一般分为：平口钢筋混凝土水泥管、柔性企口钢筋混凝土水泥管、承插口钢筋混凝土水泥管、F型钢承口水泥管、平口套环接口水泥管、企口水泥管等。水泥管是用水泥和钢筋为材料，运用电线杆离心力原理制造的一种预制管道。水泥管又称水泥压力管、钢筋混凝土管，多用作城市建设中的上水管道、下水管道和农田机井。

第三节　供水管道的敷设

供水管道的敷设质量直接影响管道的漏失和使用质量。所以，城乡供水管道建设，要严格按现行国家标准《城市工程管线综合规划规范》（GB 50289—2016）的规定执行。

一、关于管道的地下敷设

管道的地下敷设主要分为：直埋、保护管及管沟地下敷设。根据地形、地理位置、气候、土壤冰冻深度及安全性等五类情况执行《城市工程管线综合规划规范》（GB 50289—2016），实施管道的敷设。

① 严寒或寒冷地区供水、排水、再生水等工程管线，应根据土壤冰冻深度确定管线覆土深度；工程管线的最小覆土应符合表2-3-1的规定。当受条件限制不能满足要求时，可采取安全措施减少其最小覆土深度。如：聚乙烯供水管线规划机动车道下的覆土深度不宜小于1.00 m。

表 2-3-1　工程管线的最小覆土深度表　　　　　　　　单位：m

最小覆土深度	供 水 管 线	排 水 管 线	再生水管线	直埋热力管线	管沟
非机动车道（含人行道）	0.60	0.60	0.60	0.70	
机动车道	0.70	0.70	0.70	1.00	0.50

② 供水管道应根据道路规划横断面，布置在人行道或非机动车道下面。位置受限时可布置在机动车道或绿化带下面。

③ 工程管线不宜从道路一侧转到另一侧。沿城市道路规划的工程管线应与道路中心线平行，其主干线应靠近分支管线的一侧。道路红线宽度超过 40 m 的城市干道宜两侧布置配水管线。

④ 沿铁路、公路敷设的工程管线应与铁路、公路线路平行。工程管线与铁路公路交叉时宜采用垂直交叉方式布置；受条件限制时，其交叉角宜大于 60°。

⑤ 如果在河底敷设供水管道，应以选择在稳定河段、管道高程应按不妨碍河道的整治和管道安全的原则来确定。

二、供水管道埋设环境现状

1. 气温因素对管道埋设的影响

我国地域广阔，从地处热带的海南、雷州半岛和西双版纳到华南大部分地区的亚热带气候；华北地区的温带气候，东北地区自南向北，跨越中温带与寒温带，冬季气温差距大。南方地区管线埋设较浅，一般在 1.5 m 以内甚至 1 m 左右，往北由于冻土原因埋设较深，特别是东北、新疆等地域，由南向北深度逐渐增加至 3~4 m，极北地区埋深甚至有 7 m 以下的管道。

2. 地面环境影响

地面环境是指除管道埋设深度以外的城市供水管道可能埋设于硬（水泥、沥青）路面下或者人行道（方砖）及绿化带（土壤）下面，这些因素都值得我们分析。

第三章　供水管道探测方法及应用

目前常用的供水管道探测方法有多种，针对不同管道材质可采用不同的探测方法。对金属管道的探测，可应用电磁法，该方法已广泛用于金属管线的探测与定位。对非金属管道的探测，可应用探地雷达法、探头定位法等。由于非金属管道的使用越来越广，以及非金属管道探测难度大的原因，对非金属管线的探测又衍生出了示踪线法、固定信标法和声波探测法等方法。如无法使用这几类设备探测方法的，则一般采用探沟法。

第一节　金属管道探测

电磁法探测地下管线，主要是利用电磁感应原理，探测对象是具有一定导电性的地下管线。当采用专门的发射机向待测管线施加（感应或直连）一定频率的信号电流后，该电流在待测导体管线中流动并在其周围空间激发一个电磁场，如图 3-1-1 所示。用接收机在地面上测量该电磁场的强度及其分布便可确定被测管线的位置和埋深，实现被测管线的定位。

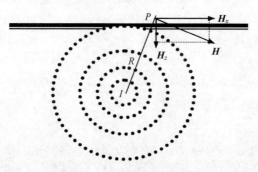

图 3-1-1　导体周围电磁场分布

金属管线探测仪主要由发射机和接收机两部分组成，其原理是通过发射机向管道发射一个特殊频率的交变电流或交变磁场使管道产生一个特殊频率的交变电流，交变电流在金属管道中流动同时会产生交变磁场用于接收机接收，接收机切割磁感线，接收磁场信号并通过分析计算从而达到对管道定位、测深、测电流的目的，如图 3-1-2 所示。

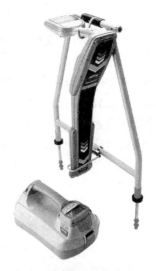

图 3-1-2　金属管线探测仪

目前市面上的金属管线探测仪厂家繁多，大体的样式、功能类似，下面以使用最为广泛的英国雷迪金属管线探测仪为例进行说明。

一、信号发射方式及方法

1. 有源频率

管线探测仪发射机是一个能发射多种频率电磁信号的信号源。通过发射机将有源频率施加于目标管线，这是追踪埋设金属管道最有效的方法。一般来说，在低阻抗管线上使用低频信号最好，而在高阻抗管道上使用高频信号最好（如铸铁管）。使用低频信号追踪目标能尽可能减少对邻近管线的电磁感应，因此能降低追踪到非目标管线的风险。发射机具有三种发射信号的方式：直连法、夹钳法和感应法。

（1）直连法

使用红色直连导线，连接到需要探测的目标管线上，黑色导线通过地钎或其他安全的接地装置与大地形成电流回路。此时发射机向管线发射交变电流信号，然后使用接收机追踪该信号。直连法提供了单根线路上的最佳信号，可以使用较低频率，如 640 Hz，并可在较长距离上追踪到该频率信号。

（2）夹钳法

使用信号夹钳，将发射机的信号通过线圈互感原理施加于绝缘带电导线或适宜的小直径管道，并传输到管线上，这种方法对绝缘带电导线十分有效且无须断开线缆电源。但是需保证管线电性连接成线圈状回路。

（3）感应法

将发射机置于地面探测区域管线上方，选择适当频率和信号强度，然后，发射机通过内置天线把信号发射到地下任何金属管线。在感应模式下通常建议使用高频信号，因为这样比较容易使地下金属管线感应电磁信号。

2. 无源频率

无源频率探测是利用金属导体上已有的信号源进行探测。一般管线探测仪支持探测三种类型的无源频率：电力（50 Hz）、无线电（14～22 kHz）及 CPS（cathodic protection system，阴极保护系统）（100 Hz）信号，无须发射机的协助就可以探测到这些频率信号。但是无源频率的深度探测的准确性并不可靠，如需确定深度需使用有源频率探测。

二、管线定位方法

根据所选管线探测仪型号，管线探测仪一般具有四种定位模式：峰值模式（见图 3-1-3）、单天线模式（见图 3-1-4）、谷值模式（见图 3-1-5）、峰+谷值模式（见图 3-1-6）等可供选择，针对不同的工作，每种定位模式都有其具体用途。

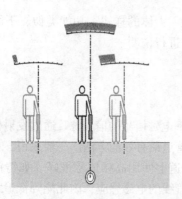

图 3-1-3　峰值模式

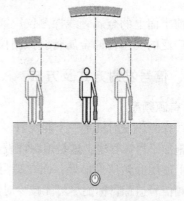

图 3-1-4　单天线模式

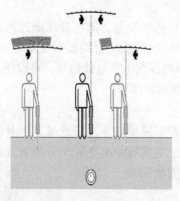

图 3-1-5　谷值模式

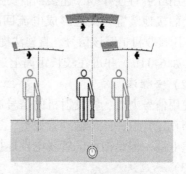

图 3-1-6　峰+谷值模式

1. 峰值模式

峰值模式主要用于管线精确定位，峰值图形清楚地呈现信号强度，在埋设管线的正上方且垂直于管道轴向会显示最强峰值信号。峰值模式是最敏感、最精确的定位和定深模式，峰值响应陡峭明显，但接收信号强度相对单天线模式弱。

2. 单天线模式

单天线模式比峰值模式灵敏度更高、区域更宽。这对定位大埋深管线或长距离管线更有效、更快捷。一旦用单天线模式定位到目标管线后，要用峰值模式进行精确定位，因为单天线模式定位精度不高。

3. 谷值模式

陡峭的谷值响应因为有左右箭头指示，所以比峰值响应的使用更容易，但谷值响应比较容易受到干扰的影响，不建议用来精确定位，除非在无干扰信号的区域。在谷值模式下接收机只能指示管线位置，而不能指示管线的方向。

4. 峰+谷值模式

峰+谷值模式具有两种模式可同时利用的优点。使用成比例的箭头将接收机放在谷值点。如果峰值响应不是最大，就证明磁场受干扰。如果峰值响应在谷值点处最大，就证明干扰很小，此时可选择峰+谷值模式获取深度和电流值。

5. 罗盘

罗盘用来指示目标管线的走向。罗盘仅在使用主动频率，以及有线电视频率和阴极保护频率定位时显示，电力和无线电模式下罗盘不显示。

三、追踪管线

将接收机调到谷值模式可以提高追踪管线的速度。沿着管线的路由向前走动，并左右移动接收机，观察管线上方的谷值响应和管线两侧的峰值响应，当接收机跨越管线时，左右箭头将指示管线在接收机的左边或右边。另外，接收机靠近管线会有声音提示，越靠近管线提示音越大，越远离管线提示音则越小或消失，见图3-1-7。可每隔一段时间，将接收机调到峰值模式，对管线进行探测并验证管线的准确位置、深度和走向。

四、精确定位

在对金属管线进行追踪并确定目标管线的大致位置之后，可用峰值模式对管线进行精确定位。开始时，发射机使用中等的输出功率，接收机和发射机使用中等的频率，接收机使用峰值模式将接收机灵敏度调到60%左右（注意：精确定位过程中需要调节灵敏度，使读数保持合适的大小），见图3-1-8。

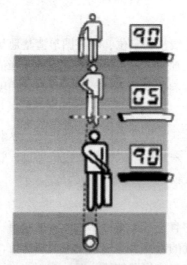

图 3-1-7　谷值模式

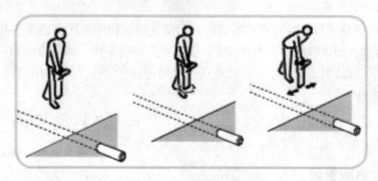

图 3-1-8　金属管线精确定位

1. 精确定位的步骤

①保持接收机天线与管线的轴向垂直，移动接收机垂直横跨管线，确定响应值最大的点。

②不要移动接收机，原地转动接收机，当响应值最大时停下来。

③保持接收机垂直地面，在管线上方左右移动接收机，在响应值最大的地方停下来。

④把接收机底部贴近地面，重复步骤②和③。

⑤标记管线的位置和方向。

可重复以上步骤以提高定位精度。

2. 精确定位验证

把接收机调到谷值模式，移动接收机，找出响应值最小的谷值点。如果峰值模式位置与谷值模式位置定位一致，可以认为精确定位是准确的。如果两个位置不一致，说明精确定位是不准确的，但两个位置都偏向管线同一侧，管线的真实位置更接近峰值模式的峰值位置。这时，管线位于峰值位置的另一边，管线距峰值位置的距离为峰值位置与谷值位置距离的一半，见图3-1-9。

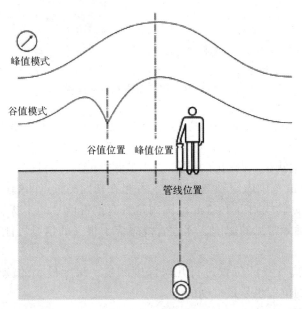

图 3-1-9　精确定位验证

五、深度、电流探测方法

管线探测仪所探测的深度是指接收机底部距管线中心的距离。通常应用有源信号测量得出的读数准确，无源信号不适合用来进行深度测量，其探测准确度低。

深度探测与电流探测时，首先确认接收机在管线的正上方，接收机天线与管线方向垂直，接收机保持垂直，然后调节灵敏度使读数在合适的范围，深度读数会直接显示在屏幕右下方，电流读数显示在左下方，见图3-1-10。

1. 深度读数的验证方法

把接收机从地面提高0.5 m重复进行深度测量。如果测量深度增加值与接收机提高的高度相同，则表示深度测量是正确的。

取管线正上方最强信号强度值，在垂直于管道轴向的两边探到该最大强度值70%的点位，标记两个点位，用测量尺测出两点之间的距离即为管道深度，此为百分之七十法测深。如果测得深度与显示深度大致相同则深度可信。如果遇到无法显示深度的探测现场也可选用此方法探测管道深度。

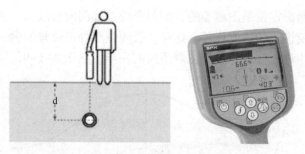

图 3-1-10　管线深度和电流探测

如果条件合适，深度测量偏差为±2.5%。然而，很多时候我们不可能知道现场条件是否适合深度测量，所以可以采用以下的方法检查可疑读数。

① 检查深度测量点两边管道是垂直于被测管道的，而且至少有 2 m 长。

② 检查 15 m 范围内信号是否稳定，并且在初始测量点两端进行深度测量。

③ 检查目标管线附近 1~2 m 范围内是否有携带信号的干扰管线，这是造成深度测量不准确最常见的原因，邻近管线感应了很强的信号可能会造成±50%的深度测量误差。

④ 稍微偏离管线的位置进行几次深度测量，深度最小的读数是最准确的，而且该处指示的位置也是最准确的。

2. 注意事项

① 深度测量的精确度受多种因素影响，只作为指导，开挖时还需小心。

② 不要在管线的弯头或三通附近进行深度和电流测量，至少要离开弯头 5 m 进行，以便获取最高的精度。

③ 尽量避免信号干扰，尽量不要用感应法。如果因直连法和夹钳法都无法使用而不得不使用感应法时，请务必将发射机放在离深度测量点至少 30 m 远处，见图 3-1-11。

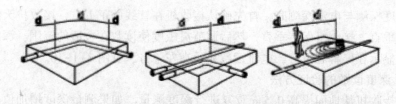

图 3-1-11　偏离特征点测深距离

六、扫描和搜索

工程施工开挖前应探测管线位置，以免在开挖过程中损毁地下管线，因此扫描和搜索尤为重要。

1. 无源扫描

无源扫描能探测到地下的电力、无线电、有线电视或阴极保护信号。首先，开机后选择所要探测的频率，可选择的被动频率有：①电力，②无线电，③有线电视，④阴极保护，⑤无源避线。同时用电力和无线电探测。探测时将灵敏度调至最大，有响应时将灵敏度调低，使探测信号保持适中。接着，沿网格状的路线走动，走动时应该保持平稳，接收机的天线方向保持与走动方向一致，并且与可能被横过的管线垂直。当接收机的响应值增大指示有管线存在的时候马上停下来，开始在此处对管线进行精确定位，并标志管线的位置，追踪该管线直到离开目标区域，然后继续在区域内进行网格式搜索。

如果接收机有无线电探测模式，将接收机调到该模式，灵敏度调到最高，重复上面的网格式搜索，最后精确定位管线，并标出管线位置和追踪到的所有管线。

无线电模式可以探测到不辐射电力信号的管线，因此常常使用无线电和电力两种模式对同一个区域进行网格式搜索。

2. 感应法搜索

感应法搜索是探测未知管线的最可靠方法，这种搜索方法需要两个操作员配合操作发射机和接收机，因此也被称为"两人扫描"。在开始扫描之前，确定要搜索的区域和管线通过该区域的方向，并把发射机设定在感应模式调整信号发射强度，见图3-1-12。

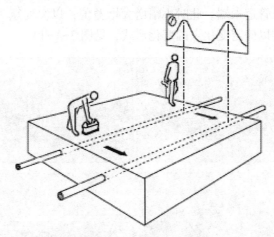

图 3-1-12　感应法搜索

一个操作员操作发射机，另一个操作员操作接收机。发射机将交变磁场信号施加到管线上，在离发射机上游或下游至少10 m远处接收机就可以探测到该信号。发射机的方向与预估的管线方向保持一致，接收机要在搜索区域的起始位置，接收机天线的方向保持与可能的地下管线的方向垂直。发射机与接收机处于平行时，两个操作员同时平行地向前移动。接收机操作员在向前走动的过程中前后移动接收机，并保持接收机垂直。发射机将信号施加到正下方的管线，再由接收机探测到该信号，将发射机左右移动，寻找信号最强位置，信号最强时发射机在管线正上方。在接收机探测到峰值时，在地面相应位置做好标志。在其他可能有管线穿过的方向重复搜索。当所有管线的位置都做好标志后，交换接收机和发射机位置。将发射机放在每一条管线的上方，用接收机追踪每一根管线。

七、变化点探测方法

采用直连法时，发射机发射出的电流会随着离发射机距离的增加而逐渐衰减，衰减率由管线电阻和接地电阻决定。

在同等条件下深度越深接收机接收到的信号越弱，因此在管道变深点，接收机接收到的信号会突然异常衰减。

如果到支管位置支管会分去一部分电流，接收机接收到的信号也会突然异常衰减。

如果到弯头位置由于电流突然转向，而接收机继续向直线方向运动也会造成信号突然异常衰减。

如果到管道终点，接收机接收到的信号也会突然大幅衰减直至消失。

因此，当接收机探测到的信号强度突然发生异常衰减有可能是探测到了三通、弯头、变深或管道末端。此时小幅增大增益值，以突变点为圆心、2 m 为半径做一个圆形探测以确定变化点的变化形式，见图3-1-13。

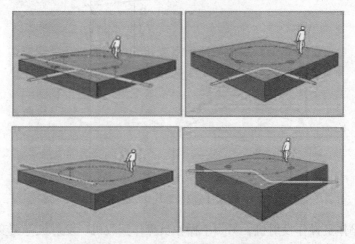

图 3-1-13　金属管线三通弯头变深末端探测

八、目标管线辨识

金属管线探测仪主要通过电流大小和电流方向辨识所探测的管线是不是目标管线。使用有源的直连法和夹钳法发射信号的情况下，可以通过所测得的电流大小辨识目标管线，直接输入信号的目标管线的电流会大于其他并行管线上的二次感应电流，因此我们可以通过对比电流大小来判断目标管线，见图3-1-14。

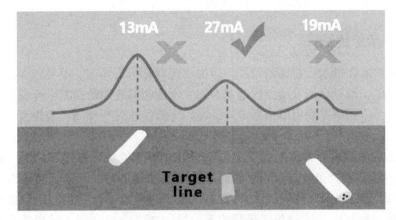

图3-1-14　电流大小识别目标管线

某些型号的金属管线探测仪会有电流方向探测功能，因此可以通过电流方向来辨识目标管线。在使用直连法发射信号时，发射机发出特殊频率信号，目标管线上的电流是远离发射机的方向，其他并行管线上的电流是回到发射机的方向，因此通过电流方向可以辨识目标管线，见图3-1-15。

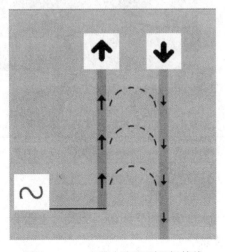

图3-1-15　电流方向识别目标管线

第二节　非金属管道探测

随着城市建设的快速发展，地下管线星罗棋布，准确定位管线位置对经济的发展、基础设施的建设都非常重要。非金属管道一直是行业探测的难点。非金属管道探测通常有四种方法，分别是示踪线法、电子信标法、探地雷达法和探头定位法。

一、示踪线法

塑料管道在供水行业逐渐普及，但由于塑料管道不导电、不导磁，很难对管道进行追踪，给日后的管道维护造成不便。埋地塑料管道的探测至今没有特别有效的方法，应用中发现可以借助金属线缆作为信号线进行探测、定位及追踪，因此示踪线随之出现。

在管道埋设时，将示踪线（辅助地下非金属管道日后维护定位的一种信号线缆）与非金属管道相伴埋设。示踪线法就是通过上述的金属管线仪对示踪线进行追踪，探测出非金属管道的位置与深度。目前市场上常用的示踪线有铜包钢示踪线、铜芯电线、铜包铝示踪线等，见图 3-2-1，常用示踪线的参数示例见表 3-2-1。

图 3-2-1　示踪线示意图

表 3-2-1　常用示踪线的参数示例

示踪线类型	截面积/mm²	埋地深度范围/m	长度/m	抗拉强度/MPa
铜包钢	1.5~2.5	0.99~4.3	717	780
铜芯电线	2.5	0.99~4.3	717	230

1. 示踪线的性能要求

（1）为保证非开挖敷设顺利进行和开挖敷设抵御第三方破坏和地质变化，

要求示踪线具有较高的抗拉强度。

（2）确保有效的探测距离和探测信号强度，要求示踪线具有较低的电阻。

（3）为避免示踪线没有漏电、腐蚀、断路的情况发生，需要保证示踪线接头的防腐性良好、力学性能优异、导电性好，要求示踪线接头具有很高的稳定性、防腐性、导电性和优良的力学性能。

（4）为确保示踪线与埋设管道同生命周期的成功探测，需要保证示踪线的绝缘层的抗老化和耐磨性能良好。

除了上述性能外，还要求非金属管线示踪线有较强的经济性、环保性及施工的灵活性。

2. 示踪线的发展

示踪线的发展已历经三代。

第一代示踪线是由铝箔和塑料薄膜，或者细钢丝和塑料薄膜组成的，金属主要是传输信号的载体，塑料薄膜为绝缘保护层。这类示踪线强度非常低，敷设极易损伤断裂，而且电阻大、探测距离短，很难满足实际的探测需要。

第二代的示踪线使用家用电线作为示踪线，这种示踪线用 PVC 做绝缘层，导线由单根或多股裸铜线构成，具有导电性能好、柔性好、经济性适中的优点。但是其抗拉强度低，接头数量多且力学性能弱、防腐性能差，绝缘层易老化，这些缺点使其耐用性差，很难服务于管道的整个生命周期。

第三代的示踪线为铜包钢示踪线，该类示踪线具有较高的抗拉强度，外绝缘层耐腐蚀、耐磨损，施工性能好，专用接头也能做到力学性能、防腐性能和导电性能良好，基本满足地下管道检测的使用要求。由于第三代示踪线的抗拉强度在某些特殊使用环境下仍然不够，最近市场上又出现了一种新的铜包钢示踪线，这种示踪线同时具有钢丝的抗拉强度和铜丝的电导性能，PE 绝缘层耐磨抗老化，在保留第三代铜包钢示踪线的特性以外具有更出色的抗拉强度。

二、电子信标法

电子信标是一种管线标识设备，由电子信标和电子信标探测仪组成。其工作原理是电子信标探测仪向地下发射特定频率的电磁波，当接近预先埋设于地下管线上方的电子信标时，电子信标会在电磁波激发下产生二次磁场，电子信标探测仪发现并接收该磁场信号从而确定信标位置。

在铺设非金属管线的同时将电子信标埋设于管线的关键位置，如弯头、接头、分支点、维修点，以及需要查找的其他重点部件的上方，在日后查找管线时，使用电子信标探测仪查找电子信标，即可确定管线的埋设位置，见图 3-2-2。

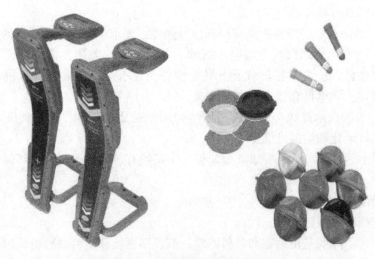

图 3-2-2　电子信标和探测仪

三、探地雷达法

探地雷达，又名地质雷达，是利用超高频电磁波探测地下介质分布的一种物探仪器。它通过发射高频电磁脉冲波，利用地下介质与管线存在明显的物质差异（主要是电导率与介电常数的差异），脉冲在界面上产生发射和绕射回波，根据接收回波的传送时间、幅度与波形来判断管线的深度、位置。探地雷达探测非金属管线具有快速、高效、非破坏性等特点，是目前 PVC、PE、混凝土等非金属供排水管线探测的首选工具。但是探地雷达的局限性也是很突出的，它的分辨率与探测深度是相互制约的，频率越高、探测深度越浅，分辨率越高；反之频率越低、探测深度越深，分辨率也相应下降。它的探测效果也与地质条件、土壤干湿度密切相关，当管线周围介质对电磁波的干扰弱并且管线的电磁特性与其环境相差大时，探测效果好，而且数据处理相对简单；反之体现不出较好的性能，甚至完全不适用。另外，探地雷达回波信号包含各种杂波噪声，应对回波信号进行滤波去噪，有助于提高探测精度。

1. 双曲线定位

显示屏显示沿着一条直线扫描时，信号振幅和深度与传感器位置之间的变化关系称为"线扫描"。由于雷达能量的辐射区呈一个 3D 圆锥形而非一束细线，因此目标体（比如管道）的响应是一条双曲线或倒 U 形曲线。雷达波在穿过物体之前和之后碰到物体，形成可出现在记录上的双曲线反射，即使物体不在雷达正下方，见图 3-2-3。

图 3-2-3 探地雷达探测示意图

当雷达波垂直地与地下目标相遇时，双曲线最容易观察，物体的实际位置位于双曲线顶部，见图 3-2-4。

双曲线顶部即为物体所在之处

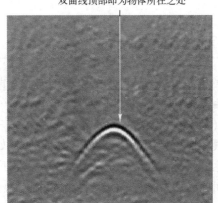

图 3-2-4 探地雷达探测波形图

2. 深度计算

探地雷达记录无线电波前进到目标后返回的时间，但它不会直接测量到该目标的深度。到目标的深度基于无线电波前进到目标然后返回的速度与时间进行计算。

计算深度的公式：

$$D = V \times T/2$$

式中：D——深度，单位 m；

V——无线电波在相应介质中的传播速度，单位 m/s；

T——无线电波传播到目标后返回的时间，单位 s。

传播速度 V 由土壤标定值决定，一旦设置好土壤标定值，就可以测量深度。

3. 土壤标定值

土壤标定值（又称波速）是用来确保所测深度准确性的参数。常见的地下材料及其对应的土壤标定值如表 3-2-2 所示。这是一个参考指南，可能与地下有不同材料混合的实际情况有一些偏差。其中土壤含水量对土壤标定值的影响最大。

表 3-2-2　常见的地下材料及其对应的土壤标定值　　　单位：m/μs

材　　料	土壤标定值
空气	300
冰	160
干燥的土壤	140
干燥的岩石	120
土壤	100
潮湿的岩石	100
混凝土	100
硬路面	100
潮湿的土壤	65
水	33

　　由于土壤标定值是基于所测区域收集的数据，因此确保所测深度准确性的最佳方法是使用双曲线匹配法。

　　相交的线性目标（比如呈直角的管道或电缆）产生一条适合土壤类型标定的双曲线，得到的土壤标定值将用于计算目标的深度值。如果土壤类型是根据一条以斜角而非直角产生的目标双曲线标定的，那么这些深度值也将不准确。

　　双曲线匹配法使用曲线匹配法来确定土壤标定值，根据是否处于后退模式，选项有轻微的差异。如果选好土壤标定值时后退，指示器出现在屏幕上，那么来回拉动设备以调整垂直位置指示器，然后调节垂直位置，使之与双曲线顶部对齐，同时调整双曲线使其与所探测波形吻合，见图 3-2-5。

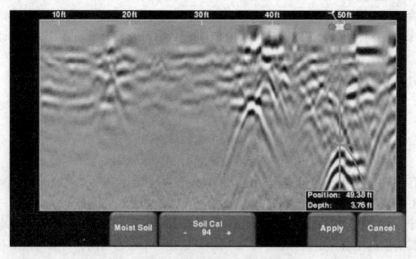

图 3-2-5　探地雷达图形匹配图

操作者可以在按下暂停键按钮时选好土壤标定值，当屏幕中间出现一条红色双曲线时，将红色双曲拖到一条真实双曲线上方，然后使用土壤标定键进行微调，见图 3-2-6。

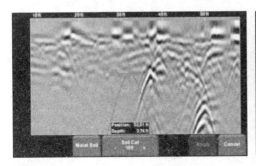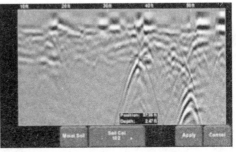

图 3-2-6　探地雷达图形匹配微调图

对于以上的任何一个方案，一旦红色双曲线正确定位，可以使用土壤标定值按钮上的加减按钮来扩大或收紧形状。一旦形状匹配，即可获得正确的土壤标定值，测得的深度将会最准确，按下应用键即可使用该值。如果得到一个将近 300 的土壤标定值，则这可能是一个空气波，应使用另外的双曲线响应来标定。

四、探头定位法

探头定位法使用发射探头和金属管线探测仪探测非金属管道。发射探头是一个小型的信号发射器，可用推杆将发射探头推入非金属管道内，接收机在地面接收该探头的信号以此来对非金属管道进行定位和追踪。可以使用一系列不同的发射探头来适应不同的检测环境。

将探头插入管道中，当发射探头还在管道入口处时就开始探测。保持接收机垂直于地面，并且在发射探头的正上方，而且天线的方向与发射探头的方向一致。此时在发射探头上方具有峰值响应，将灵敏度调至合适大小，向前推进发射探头一定距离后停下来按以下步骤定位探头位置。

① 前后移动接收机，并保持接收机机身方向与发射探头的方向一致，当找到峰值响应时停下来。可根据罗盘指示保持接收机机身和发射探头方向一致；

② 原地转动接收机，当读数最大时停下；

③ 左右移动接收机直至找到峰值响应；

④ 保持天线垂直将接收机放在地面上重复步骤①②③，这时接收机的正上方天线与发射探头的方向一致，在地面标出发射探头的位置和方向；

⑤ 再将发射探头向前推进几米，精确定位并再次标出发射探头位置，沿着

管线以大致相同间距反复对发射探头进行精确定位和深度探测，见图 3-2-7。

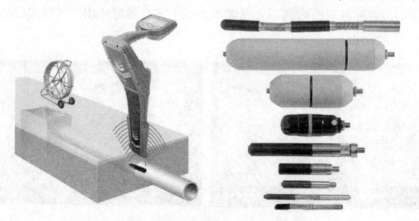

图 3-2-7　探头及探测示意图

第四章　供水管网地理信息系统

供水管网地理信息系统是基于地理信息系统（geographic information system，GIS）的软件平台，以城市基础地理数据为基础，以城市供水管网的空间数据和属性数据为核心，集成了计算机技术、地理信息技术、数据库技术、物联网、大数据、云计算等，能够快速提供真实准确的供水管网信息，实现快速查询、专业分析、实时监测，为供水管网的日常管理、设计施工、分析统计、发展预测和规划决策提供可靠依据，为未来的智慧水务建设打下坚实的基础。

在智慧水务的指导思想下，基于数据共享和系统集成，系统能够方便地接入或嵌入其他业务系统，成为一个综合数据服务平台，实现数据的统一入库管理、共享和挖掘，为供水管网资产评估、分区计量、漏损分析等工作提供强大的工具和可靠的数据基础。

供水管网地理信息系统的建设目标是利用先进的计算机技术和地理信息系统技术，结合供水管网管理的一系列业务流程，实现供水管网资料的统一动态管理，保证数据的统一性和现势性，实现管线查询统计、管线综合分析功能，最终实现供水管网的管理精细化、调度智能化、提升供水服务标准化的科学智慧程度。

供水管网地理信息系统对政府、社会和用户的价值在于，将最大程度上帮助供水企业进行资产建库，便于企业的营运管理、便于企业的办公服务和对外公众服务，提高企业透明度，使信息对称，促进社会和谐。

第一节　系统建设原则

为了充分发挥供水管网地理信息系统作为城市供水事业发展的先导作用，不断满足政府、企业和社会公众对城市供水信息共享和服务的要求，确保城市供水事业可持续、健康发展，供水管网信息系统建设将遵循以下原则。

1. 稳定性原则

一般的"稳定性"是指系统的正确性、健壮性两个方面。一方面，供水管网地理信息系统在提交前应该经过反复测试，在运行过程中可以抵抗异常情况的干扰，保证系统长期稳定正常地运转；另一方面，系统必须有足够的健壮性，在发生软、硬件故障等意外情况下，能够很好地处理并给出错误报告，并且能够得到及时恢复，减少不必要的损失。系统数据库中的所有数据应是准确可靠的，且系统设计结构合理，系统运行稳定可靠。

2. 实用性原则

系统本着功能实用、结构合理的原则，为供水企业的工作人员提供信息化支持，系统的各项功能满足供水管网管理的需求，功能齐全、操作方便，以减少工作人员的工作量，使工作人员能方便地获取所需信息，推动供水管网信息化管理的新模式，规范供水管网管理的作业行为，有效避免重复投资，提高资源的利用率。

3. 模块性原则

系统由互相独立的软件模块构成，可降低维护软件的难度。模块化的设计思想保证模块的可扩展性和可重用性，具有良好的接口和方便的二次开发工具。

4. 兼容性原则

系统在输入和输出方面有较强的兼容性，可转换不同的数据格式，便于使用。

5. 标准性原则

标准化是信息系统建设的基础，也是系统与其他系统兼容和进一步扩充的根本保证。因此，对于一个信息系统来说，系统设计和数据的规范性及标准化是极其重要的，这是各模块正常运行的保证，是系统开放性和数据共享的基础。供水管网地理信息系统应以国家和行业标准规范为基础，结合供水企业实际的管理规范、运营机制，制定一套符合供水企业运行的标准规范体系和安全保障体系，主要包括数据处理规范、接口规范、数据系统使用规范、服务器管理规范等，以保证系统安全、稳定地运行。

6. 规范性原则

系统建设严格按照软件工程的一系列基本步骤（可行性论证、用户需求、初步设计、详细设计、项目实施计划、系统测试、系统试运行、系统验收）合理规范工程的实施过程。对每一阶段，应提供相应阶段的书面报告。同时要求予以配合、监督、提供相关资料，提出统一需求，并对每一阶段的成果进行及时检验，确保系统建设成果符合要求。

7. 开放性原则

信息系统的开放性是系统生命力的表现，只有开放的系统才能兼容和不断发展，才能保证前期投资持续有效，保证系统可分期逐步发展，以及整个系统的日益完善。系统在运行环境的软、硬件平台选择上要符合行业标准，具有良好的兼容性和可扩充性，能较为容易地实现系统的升级和扩充，从而达到保护初期阶段投资的目的。系统对接方面，特别是与监视控制与数据采集（supervisory control and data acquisition，SCADA）、独立计量区域（district metering area，DMA）等进行信息共享，消除"信息孤岛"现象，保证系统提供数据共享和数据交换功能。

8. 先进性原则

系统应采用客户-服务器模式（client/server，C/S）、浏览器-服务器模式（browser/server，B/S）和移动设备-服务器模式（mobile/server，M/S）相结合的科学体系结构，构建多端的业务体系，提升数据处理速度，冗余性强，并具有安全防护功能，达到信息系统建设的先进水平，为以后的智慧水务建设打下坚实的基础。

9. 安全性原则

系统的网络配置和软件系统应充分考虑数据的保密与安全。系统从网络、数据库角度出发进行安全性设计，包括口令和权限设置，以确保应用系统安全、可靠地运行。

10. 可移植性原则

为减少相互依赖，使数据的维护更为简便，应通过相关属性数据，使业务数据可以准确定位到地图上，从而达到地图数据和专业数据库的有机结合，便于实现管网数据与基础地理数据分离，地图数据和业务数据分离，从而保证系统与数据的可移植性。

第二节　系统总体设计

一、系统总体结构

供水管网地理信息系统应由三层结构组成：上层是供非专业领导部门直接使用的集成应用系统；中间层则是一套应用程序，主要功能是将专业人员操作底层应用系统所获得的新数据和综合分析新成果，转为可供上层集成应用系统直接使用的数据库；底层是专业人员掌握使用的数据编辑、动态更新和空间综合分析应用系统。系统总体结构如图 4-2-1 所示。

二、系统体系结构设计

根据供水企业的需要，并考虑为扩大供水企业信息系统建设的影响力，在与企业内网进行充分融合的基础上，在 C/S 模式基础上构建面向企业管理人员应用的 B/S 模式，并构建基于移动应用的 M/S 模式。同时，在各 GIS 系统进行门户集成的基础上，外网用户可以通过权限控制实现对系统的访问。

C/S 模式：面向供水企业的专业管理人员，提供专业、强大的数据录入、数据管理、数据分析、数据维护、系统维护等功能，确保数据的完整性、正确性，为供水业务信息化奠定数据基础。

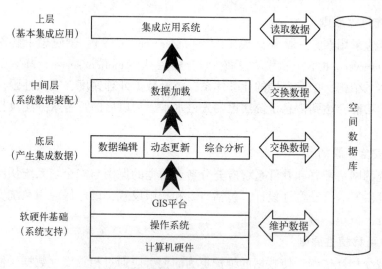

图 4-2-1　供水管网 GIS 系统总体框架设计图

B/S 模式：采用 Web 技术集成了大量的供水管网业务功能，供水企业各部门（如管网所、营业、调度、抢修等）用户可通过浏览网页的方式，简单快捷地浏览、查询、分析供水管网数据，实现管网信息的共享，降低系统使用复杂度，提升用户工作效率。

M/S 模式：面向供水企业的外业人员，提供移动版的 GIS 应用，便于用户可随时随地查看管网数据，实现管网信息一手掌控。

本书重点介绍 C/S、B/S 与 M/S 的混合模式建设，其优点在于：经济有效地利用内部计算机资源，简化了一部分可以简化的客户端；既保证了复杂功能的交互性，又保证了一般功能的易用与统一；系统维护简便，布局合理；网络效率最高。

第三节　系统功能

一、C/S 系统功能介绍

1. 数据管理功能

数据管理模块具有供水管网各个组成成分的属性数据输入、空间数据的导入、管网的编辑、管线的设计等功能。该模块也称为管网输入编辑模块，能提供多种输入方式，用于建立管网的属性数据库，并提供供水管网的图形属性编辑功能，支持各种矢量数据和栅格数据的导入，便于信息的录入。

该模块主要功能如下。

（1）属性数据管理

管网属性数据库含管线、三通点、管材转换点、测流测压点、水箱等节点设施的基本信息，管网设备编辑实现图形与属性数据的同步编辑，建立通用的地形图图层和专业用的供水管道图例等图素的调用库，用来制作标准的管网图形。系统提供基本的增加、修改、删除等操作，在录入数据时，既可以成批地快速录入，也可以选中需录入的设备图形目标进行单一录入。

供水管网信息系统需要对属性数据进行输入操作，也需要对属性数据进行及时更新以保证数据的准确性。此模块具有创建新的属性数据、删除已有的属性数据和更新字段值等功能。

（2）数据转换导入

该模块支持多种数据格式的转换导入。导入的数据包括矢量数据和栅格数据，其中矢量数据的导入格式有 DXF、MIF 等；栅格数据的导入格式有 JPG、TIF 等。

（3）管网编辑

管网编辑模块支持对水池、用户、阀门、管线等设施的增加、删除、移动等图形编辑工作，替代以往工程改扩建时烦琐的手工作业，以提高工作效率和准确程度。提供对已经形成的管网进行图形及属性的编辑和修改的工具，对管网各设备（包括管点设备和管线）的属性和参数的编辑、统改。

对管网的空间数据编辑操作主要有：输入网线、删除、移动、复制、剪断、连接、线上加点等操作。

2. 地图管理功能

基于地理信息系统平台功能，实现地图浏览、图层控制、导航定位等功能，见图 4-3-1。

图层管理：可以对图层进行分层管理和显示控制。

图形操作：可以进行全景、漫游、放大、缩小、刷新、前一视图、后一视图等图形操作功能。

比例缩放：可以按照固定比例尺进行图形缩放。

鹰眼导航：可以进行地图索引功能，方便用户进行全图的导航定位。

图例显示：可以对图例的显示进行管理。

动态路名：随着地图的放大和缩小，在地图上可以动态显示道路名称。

多细节层次（levers of detail，LOD）：依据比例尺大小的不同，系统能够自动控制图层的显示。

坐标显示：通过鼠标移动到地图中的某一位置时，可以动态显示鼠标所在位置坐标 (x, y, z)。

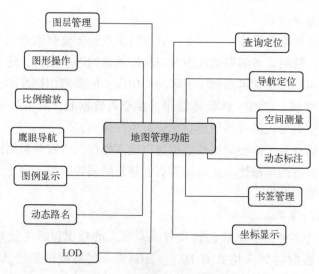

图 4-3-1　地图管理功能结构图

动态标注：用户在地图上用鼠标单击设备即可动态显示信息。

空间测量：提供坐标、长度、角度、面积、高程等内容的空间测量。

导航定位：提供针对道路、路口、地标、住宅区、河流、图幅等地物的快捷定位功能。

查询定位：提供坐标定位、距离角度定位、圆交点定位功能。

书签管理：可对工作区间创建书签，进行快速定位。

3. 查询统计功能

查询统计模块能够指导管理人员高效、正确地进行管理和抉择，利用有效的方法快速对目前的管网信息进行全面的了解和详细的分析，同时通过所提供查询工具的各种查询方法，方便得到想要的数据和信息。

空间查询：基于图形的信息查询方式，包括单点查询、矩形查询、圆形查询、任意多边形查询、热点区域查询等。单击查询到的某条记录，该记录所对应的图形在地图中的定位闪烁标识。

区域查询：可以进行行政辖区、道路缓冲叠加查询。

逻辑查询：构建逻辑表达方式，实现对业务数据的查询。

模糊查询：输入关键词，通过搜索引擎技术，在数据库中对业务数据进行全文模糊检索。

统计报表：提供属性、空间、条件、专项统计功能，以及对任意字段、多个字段的统计功能。可以按照值和区间进行统计，提供报表定制查询统计功能。

4. 管网附属设施管理功能

（1）管网设施查询管理

管网设施查询管理模块提供了地图显示、查询与定位模块的扩展，对管线专题信息的查询与显示功能进行了增强。本模块可以根据用户的需求对管网系统中的管网数据进行分层、分类管理，便于用户查询、施工和决策。

模块的主要查询功能有：区域地名查询、视图查询、可选区域查询、空间关系查询、管线或节点编号查询、阀门普查路线查询、条件查询等。

（2）管网设施统计管理

该模块对系统中管网设施进行实时的定性、定量统计，可以对系统统计报表进行导入、导出、打印等操作。

① 管线统计项目包括管线材质统计、管线安装年份统计、管线所处区域统计、管线属性条件统计和管线维修、维护日志统计。

② 阀门统计项目包括：阀门报漏统计、阀门检修统计、阀门安装年份统计、阀门所处区域统计、阀门材质统计、阀门属性条件统计、阀门维修、维护统计。

③ 报表生成项目包括：管线统计表、阀门统计表、管网附属设施统计表、管线设施信息表、阀门维护工作单、阀门跟踪记录卡、维修工作单。

5. 管网分析功能

管网分析模块由空间分析模块和专业应用分析模块两部分组成。

（1）空间分析功能

空间分析功能结构见图4-3-2。

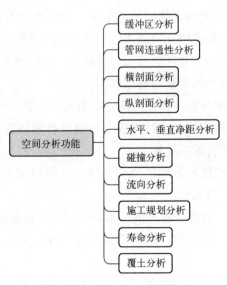

图4-3-2 空间分析功能结构图

① 缓冲区分析：提供点选缓冲区分析（Buffer），利用点环域功能，查询某点周围圆形范围内的设备或管线。提供线 Buffer 分析，利用线环域功能，指定一条管线，同时指定一个距离 d，系统可以只显示两边周围 d 米范围内的地理状况，隐去范围以外的地理要素，以辅助规划设计中的选线。提供面环域 Buffer 分析，利用面环域功能，指定多边形及缓冲距离，系统可以只显示多边形周边内的地理状况，隐去周边以外的地理要素，以辅助规划设计中的选线，以便分析事故发生的时候受影响的面积和区域。

② 管网连通性分析：在地图中标记管网的起点和终点，就会显示出两点之间连通路径，并且统计出该连通路径的管线编号、长度等信息。依据管网之间的拓扑关系，系统会进行连通性分析，判断一条管线与另一条管线之间是否连通。依据管网及其附属设施之间的拓扑关系，系统会自动对管网进行联通性分析，判断管网是否联通。

③ 横剖面分析：根据任意两点生成地下管线横剖面图。在需要进行横剖面分析的管线垂直方向上画一个横剖面线，以几何图表的形式显示出与横剖面区域相交或在横剖面区域内的管线横剖面图，并列表显示与横剖面区域相交或在横剖面区域内的管线及其属性、道路中心线、道路边界、地面高程、管道埋深等信息。用户通过横剖面分析可以查看道路下面管线的铺设情况，如可以查看管线的埋设深度、管线距道路红线的距离、管线间距、管线间垂距等信息。

④ 纵剖面分析：实现地下管线纵剖面图。在需要进行纵剖面分析的管线上画一个纵剖面区域，系统将以几何图表的形式显示出与纵剖面区域相交或在纵剖面区域内的管线纵剖面图，并列表显示与纵剖面区域相交或在纵剖面区域内的管线及其属性。可以将分析结果随时打印输出。

⑤ 水平、垂直净距分析：计算两条管线的最小水平、垂直净距。

⑥ 碰撞分析：选择管线，通过碰撞分析可分析出该管线周围的水平、垂直净距，并与国家和地方标准的比较。

⑦ 流向分析：按照供水管线的流向条件，分析出该条管线的流向，在供水管线上添加流向符号进行表示。

⑧ 施工规划分析：根据选择范围，为新建项目规划选址提供数据支持。

⑨ 寿命分析：用于警示用户哪些管线超过了保质期限，应及时更换以免发生危险。

⑩ 覆土分析：对现有埋设的管线与配置的埋深标准进行分析，比较是否符合埋深标准。

（2）专业应用分析功能

专业应用分析结构见图4-3-3。

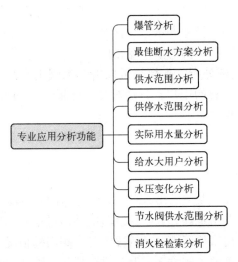

图4-3-3　专业应用分析功能结构图

① 爆管分析：根据事故点位置，分析需要关闭的阀门，为管线爆管事故迅速提供关阀方案。

② 最佳断水方案分析：依据确认的发生爆管事故的位置，根据管网的拓扑关系，自动查出与该管线连通的所有闸门，给出完全封闭爆管区域的最小关阀方案，输出需要关闸门的列表、相关的属性信息（各个闸门的当前状态表）、各闸门的栓点图。所有图形对象进行闪烁，并列出详细信息，为抢修提供快速、准确的辅助决策信息。

③ 供水范围分析：系统将突出标注出水厂位置及大口径输水管道，通过对水厂及输水管道的拓扑分析，计算出各水厂的供水范围，以不同颜色对不同供水范围加以区分。在各供水范围的衔接区域，系统将以突出颜色进行展示，便于用户快速浏览到这些区域。对衔接区域的重点显示，可对不同供水区域间的调度、调节起到重要作用。

④ 供停水范围分析：对不同口径管网地图上的可操作设备，如闸门、泵、消火栓等进行打开或闭合的模拟操作，并对操作后的供停水影响范围进行分析。利用GIS系统的拓扑分析功能和用户数据库的数据接口功能，实现断水通知工作的信息化。

⑤ 实际用水量分析：通过将监视表监测到的用水量信息与居民小区的用水总量信息进行对比，掌握小区的实际用水量。

⑥ 给水大用户分析：可查看大用户的用水量信息，并对其进行用水量统计分析，掌握其在过去某一段时间内的用水量情况。

⑦ 水压变化分析：在管网地图上将供水压力的等压曲线图进行叠加显示与分析。通过等压曲线图的叠加展示，与管网地图上的水厂、泵站、管网数据等进行空间对比，分析供水范围内的水压变化情况。

⑧ 节水阀供水范围分析：本模块可以由节水阀出发，进行下级供水范围追踪，分析下级管网上带有的用户，自动对分析结果进行图形定位，并动态着色，并且列表显示所带的用户资料。

⑨ 消火栓检索分析：发生火警时，系统能够根据火警的具体地点寻找最近的 2 处消火栓位置。

6. 事故处理功能

事故处理模块主要涉及爆管事故处理。爆管事故指的是当管网中突发爆管等漏水事故时，用户只要指定爆管处，系统就能够通过空间拓扑关系分析，利用深度优先遍历算法，查出事故所涉及的管段及各类阀门的情况，搜索出需要关闭的阀门，然后制定出合理的关阀方案，及时排除故障。除此之外，此模块支持查看停水用户，同时生成停水通知单并提供打印功能，方便事故的处理。

本模块根据水源状况及阀门状态，制定出合理的处理方案，及时排除故障。如果发现阀门失效（如损坏、失灵），系统能够扩大关阀（二次甚至多次关阀）处理，找到停水用户和需关闭的阀门，同时能够搜索出与停水有关的其他管网设备。

事故处理功能结构图如图 4-3-4 所示。

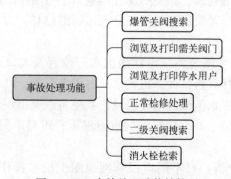

图 4-3-4　事故处理功能结构图

① 爆管关阀搜索：由用户指定漏水处，系统自动搜索停水用户和需关阀门。自动选择最优关阀方案，列出需关阀门，显示停水区域及停水用户名单。

② 浏览及打印需关阀门：分析结果和关阀方案显示出所需关闭阀门的位置和属性；紧急事故处理的抢修、闸阀卡片打印及停水用户名单的打印输出。

③ 浏览及打印停水用户：根据分析结果和关阀方案显示出关阀后将要停水的用户位置、名称和属性等资料；打印停水通知单和用户列表。

④ 正常检修处理：提供设备检修处理功能，能根据检修设备查询停水用户，需关阀门等信息。

⑤ 二级关阀搜索：当发生特殊情况如阀门无法关上等，可指定失效阀门，系统进行扩大搜索，找出需关阀门。

⑥ 消火栓检索：发生火警时，系统能够根据火警的具体地点寻找最近的消火栓，方便消防人员进行事故处理。

二、B/S 系统功能介绍

应用网络地理信息系统（Web GIS）技术，实现数据共建共享、地图管理、查询统计、管网分析和事故处理发布功能。具体功能如图 4-3-5 所示。

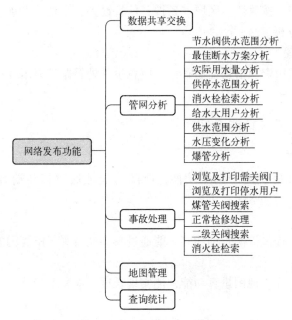

图 4-3-5 网络发布功能结构图

1. 数据共享交换

采用 B/S 架构部署在专线环境下，以网络地图服务（web map service，WMS）的形式提供给各专业单位使用，权属单位用户可以查询各类管线数据和地图浏览、定位。模块可提供权属单位发起数据上传、下载申请功能，当审批通过后，可进行数据上传、下载操作，形成数据的交互通道，由此实现各类管线数据的共建共享。

2. 地图管理

包括图层管理、图形浏览、动态图层显示、图形自动比例缩放、图形量测（直线距离、曲线距离、任意多边形面积、任意曲面面积、角度测量等）、检索定位（名称定位、经纬度位置定位）、影像数据叠加等功能。

3. 管网分析

包括缓冲区、连通性、横剖面、纵剖面、水平、垂直净距、碰撞分析、流向分析、施工规划分析、寿命分析、覆土分析等空间分析功能，以及爆管分析、供水范围分析、实际用水量分析、水压变化分析、供停水范围分析、接水阀供水范围分析、最佳断水方案分析、消火栓检索分析和供水大用户分析。

4. 查询统计

包括基于图形的信息查询（点查询、矩形查询、圆形查询、任意多边形查询、热点区域查询）、基于属性的查询统计（按信息类别、所在区域、关键字、逻辑信息等查询，按属性、区域、条件、信息设备、水量、专项、管网爆管记录等查询）统计分析。

5. 事故处理

包括事件周边资源信息辅助查询、应急事件处置跟踪显示和应急事件信息的发布。

三、M/S 系统功能介绍

1. 地图浏览

移动端系统提供地图浏览功能，能随时随地通过移动端查看管网及地形数据。

2. 查询

移动端系统提供管网查询功能，能通过移动端直观了解管网的资料信息。

3. 量算

移动端系统提供地图量算功能，能实现长度、面积的量算。

4. 定位

系统提供定位功能，能定位当前位置，辅助工作人员快速查看周围的供水管网设施。

第四节　智慧水务拓展

近年来，供水行业利用信息技术提高供水管理水平受到企业的极大重视，现代化和信息化管理技术的手段不断得到加强，特别是 GIS、无线远传、超声波及互联网等技术的应用不断加强。许多供水企业从供水管理的需求出发，先后建立了营业收费、供水管网 GIS、SCADA 及办公自动化（office automation，OA）等系统，有效地提高了供水管理水平，为供水系统的改扩建和规划等工作提供了科学依据和现代化技术支撑，促进了供水企业科学技术进步。

　　智慧水务建设将供水信息资源作为重要的生产要素，推动供水改革；智慧水务是无线水务，终端将无所不在，每个人都随时在线。智慧水务是一个通过数据自动采集和深度分析，具有可控制功能的智能化系统。智慧水务使得整个水务系统装上了网络神经系统，像可以统一指挥决策、实时反应、协调运作的大脑；可以做出相应的处理结果与辅助决策建议，以更加精细和动态的控制方式管理供水系统的整个生产、管理和服务流程。智慧水务系统以供水服务标准化、调度智能化、管理精细化为建设目标，实现对供水设施的全面、动态化管理，实时监控管网关键点，自动预警，辅助爆管事故处理。具体来说，智慧水务建成后可以达到如下三点功能。

一、供水感知智能

　　智能感知技术重点研究基于生物特征、以自然语言和动态图像的理解为基础的"以人为中心"的智能信息处理和控制技术，中文信息处理；研究生物特征识别、智能交通等相关领域的系统技术。当前，以移动互联网、物联网、云计算、大数据、人工智能等为代表的信息技术加速创新、融合和普及应用，一个万物互联的智能化时代正在到来。感知信息技术以传感器为核心，结合射频、功率、微处理器、微能源等技术，是未来实现万物互联的基础性、决定性核心技术之一。

　　通过射频识别技术、物联网技术、云计算技术等新一代信息技术，可以将水厂工程基础设施、供水管网基础设施、供水社区基础设施、地理基础设施等与供水相关的基础设施连接起来，使其成为新一代的智慧化基础设施，使供水各领域、各系统之间的内在关系更为明确，实现全面感知、泛在互联、普适计算与融合应用。

二、供水业务至善

　　工欲善其事，必先利其器。随着政府、公众对供水企业的要求日益增高，供水企业不断追求业务流程变革的根本性和彻底性，摆脱传统分工的束缚，提倡面向客户、组织变通及正确地运用信息技术，达到快速适应行业变化的目的，包括不同程度的业务提升、业务优化、业务改造，希望取得质量、服务和速度方面的显著性改善。而智慧水务是业务至善的利器。

　　智慧水务建设是以物联网及信息技术应用为基础的管理改造过程。业务流程优化过程不是单纯的管理技术问题，还必须考虑现有和未来的信息技术应用，即应利用信息技术的手段固化管理体系，并提高信息交互速度和质量。

通过智慧水务的建设，可以深入了解供水企业的运营模式和管理体系、战略目标、同行的成功经验、企业现存问题及信息技术应用现状。一方面，和成功企业间的差距就是业务流程优化的对象，这也是企业现实的管理再造需求：总结供水企业的功能体系，对每个功能进行描述，并且形成业务流程现状图；另一方面，指出各业务流程现状中存在的问题或结合信息技术应用可以改变的内容；找出各个问题的解决方案，即通过信息技术应用，合理有效地处理问题。

三、供水智慧管理

供水企业兼有政府性质和企业特征，不仅要满足政府部门的服务角色，同时要考虑企业运营的效益，所面临的是一个非常复杂的环境。在这样一个环境里，供水企业欲求卓越运营，就必须借助于智慧水务。

供水企业从生产到售水，整个环节业务繁多，包括水厂制水、水的配送、管网建设维护、用户的服务等，只有利用信息系统对供水企业各个部门的数据进行科学分析，利用这些信息数据做出科学的管理决策，才能保证供水企业核心目标的实现。无论是供水安全、供水服务还是漏损控制，对供水企业而言都不是局部问题，而是需要企业领导从全局考虑，通过信息分析和挖掘，发现运营过程中存在的问题，提出科学、合理的改进和完善方案，才能实现企业运营的长期发展。

第五章 分区计量系统的建设与管理

第一节 漏损构成及估算方法

一、国内水量平衡表

供水企业应根据《评定标准》中水量平衡表（表 5-1-1）[①] 确定各类水量。各供水企业可根据自己的实际情况，定期进行漏损水量分析，或者根据《评定标准》要求每年进行漏损水量分析。同时，应对出厂入网水量、区域供水量、独立计量区和用户水量等进行水平衡分析，量化不同区域的水量损失。

表 5-1-1 水量平衡表

自产供水量	供水总量	注册用户用水量	计费用水量	计费计量用水量
				计费未计量用水量
			免费用水量	免费计量用水量
				免费未计量用水量
		漏损水量	漏失水量	明漏水量
				暗漏水量
				背景漏失水量
外购供水量				水箱、水池的渗漏和溢流水量
			计量损失水量	居民用户总分表差损失水量
				非居民用户表具误差损失水量
			其他损失水量	未注册用户用水和用户拒查等管理因素导致的损失水量

从上述水量平衡表可以看出，新的水量平衡表中用漏损水量的概念代替了以前的产销差水量，现在的漏损水量相当于从以前的产销差水量中去除了免费用水量这部分水量（本书 2017 年及以前的案例用产销差，2017 年后的用漏损）。漏损水量所包含的供水企业从清水池到用户水表前整个供水过程中因水池溢流、管网泄漏、计量误差、其他漏失，包括未注册用户用水及拒查水表等各种原因造成的水量损失。相对于产销差，漏损数据更能直观地反映出供水企业的运营状况。

[①] 引用自《城镇供水管网漏损控制及评定标准》（CJJ92—2016）第 6 页，表 4.2.1。

漏损率越低，说明该企业经济效益越好，反之经济效益越差。

二、漏损组成

根据水量平衡表可知，漏损水量包括漏失水量、计量损失水量和其他损失水量。

漏失水量通常也称为物理漏失，指的是因水池溢流、设施损坏、管网损坏等原因造成的水量损失。

计量损失水量指的是各级计量仪表因计量误差造成的水量损失。

其他损失水量指的是非法用水、拒查水表、人情水等管理因素造成的水量损失。

三、漏损水量各组分计算或估算方法

1. 物理漏失水量评估方法

（1）明漏水量和暗漏水量

$$漏点水量=漏点流量×漏点存在时间$$

明漏存在时间是指自发现破损至关闸止水的时间。暗漏存在时间一般取管网检漏周期。

（2）背景漏失水量

背景漏失水量 = ICF×（0.02×主管道长度+1.25×连接用户数）+ICF×0.033（L/h）×私有管道长度+0.25 L×居民住宅数与非居民住宅数总和

其中，ICF（infrastructure condition factor，管网状况指数）用来表示主管道的好坏程度，一般情况下，它的取值范围为1~4之间（其中1表示状况很好，4表示状况很差），ICF的一般取值为2。

（3）水箱、水池的渗漏和溢流水量，根据实际情况进行计量或估算

实施了分区计量系统的供水企业，物理漏失可以通过各个分区监测的夜间最小流量进行估算。

2. 计量损失水量计算方法

计量损失水量包括居民用户总分表差损失水量和非居民用户表具误差损失水量，它的计算方法根据《评定标准》[②] 归纳如下。

（1）居民用户总分表差损失水量

$$Q_{m1} = \frac{Q_{mr}}{1-C_{mr}} - Q_{mr}$$

---

② 引用自《城镇供水管网漏损控制及评定标准》（CJJ 92—2016）第10页。

式中：Q_{m1}——居民用户总分表差损失水量（10^4 m^3）；

　　　Q_{mr}——抄表到户的居民用水量（10^4 m^3）；

　　　C_{mr}——居民用户总分表差率，根据样本实验测定。

（2）非居民用户表具误差损失水量：

$$Q_{m2} = \frac{Q_{mL}}{1 - C_{mL}} - Q_{mL}$$

式中：Q_{m2}——非居民用户表具误差损失水量（10^4 m^3）；

　　　Q_{mL}——非居民用户用水量（$10^4 m^3$）；

　　　C_{mL}——非居民用户表具计量损失率，根据样本实验测定。

在实际应用中，降低计量误差最有效的办法就是提高计量仪表的精度，降低计量仪表的始动流量，提高小流量的计量精度。因为早期的居民户表一般采用 B 级机械表，计量精度较低，存在对小流量不计量的现象，造成计量结果和实际使用量存在一定的偏差。虽然每户的损失量不大，但随着一户一表的覆盖率越来越大，居民户表的数量越来越多，居民户表的计量误差在漏损中的占比也越来越大。在数字水务、信息时代倡导有规划、有计划地实施替换旧表，直至全部实现远传表。

对于非居民用户的计量仪表，尤其是大用户的计量仪表，供水企业多采用高精度的水表或流量监测仪。相对于居民用户的计量表具，这部分的计量误差相对会小些，但在仪表选型时也要尽可能选用与用水量相匹配的远传表，对于用水量波动较大的用户可考虑采用子母表，确保对小流量也有较高的计量精度，减少计量误差。

3. 其他漏失水量计算及评估方法

其他漏失水量是指未注册用户用水和用户拒查等管理因素导致的损失水量。

这部分损失水量主要包括偷盗水、人情水、未抄收及拒查用户的水量。很明显，这部分损失水量受人的影响因素比较大。控制这部分损失水量根本的有效做法在于坚持日常监管"分区计量漏损控制运营管理系统"（district operation management system，DOMS），严格按照系统分析结果，处置抄收、营收及其他发生的人为问题；同时，强化法律意识、制定并执行严格的管理制度、加大稽查力度，等等。

以上三种水损漏失计算的总和即是供水企业的漏损总量。漏损总量乘以总公司的平均水价即可以计算出供水企业由于供水漏损而造成的经济损失。由此也可以推断全国的漏损情况，可以看到经济损失非常严重，对居民和用水企业也带来安全问题。因此，必须充分重视漏损控制问题。这正是本书的初衷：如何采取有效而科学的措施挽回漏损，造福于供水企业，造福于人民。

四、水损计算中注意事项

1. 注意引用评定修正值，保证水损计算值准确

大家都知道，我国地广物博，各城镇地理位置、管道埋设、高程差及压力差距等比较大，所以，在应用水量平衡表计算和评定供水企业自身综合漏损率、漏损率、漏失率时，要注意严格按照《评定标准》规定的有关修正值。修正值涉及四项：居民抄表到户水量的修正值 R_1，单位供水量管长的修正值 R_2，年平均出厂压力的修正值 R_3，最大冻土深度的修正值 R_4。具体应用时可以查《评定标准》，在实际应用中要根据供水企业具体情况而定，本书就不再赘述。

2. 注意新旧《评定标准》的区别与不同

国际标准、国家标准都在随着发展而调整。上面引用的《评定标准》是我国最新的评定标准。

在应用水量平衡表时，同样存在这样的问题。比如，过去的漏损标准中引用的是"产销差及产销差率"，而当前应用的水量平衡表已经发生了很大的变化，把免费供水量计入了注册用户用水量，而产销差率的概念同样也发生了变化：由综合漏损率、漏损率、漏失率替代了原来的产销差及其产销差率概念。供水企业要注意国家评定标准的修改，以免发生误解，由此而导致结果错误。

3. 注意供水企业之间各种漏失率的不可比拟性

按照最新公布的《评定标准》，供水企业供水管网的基本漏损率宜控制在70%以内③。而在实际上，可能有些供水企业的计量水损及其他水损（简称管理漏失）已经达到了70%。因此各供水企业在引用水量平衡表制定自己的漏控实际任务时要因地制宜，注意各自水应用、水管理的特性。

第二节　分区计量系统概述

一、分区计量系统基础理论

1. 定义

分区计量系统（district metered system，DMS）管理是指将整个城乡公共供水管网划分成若干个相对独立的供水区域，进行流量、压力、水质和漏点监测，实现供水管网漏损分区量化及有效控制的精细化管理模式。

分区管理最关键的原理是在一个划定的区域内利用夜间最小流量定量评估泄

---

③　引用自《城镇供水管网漏损控制与评估标准》（CJJ 92—2016）第27页，5.3评定标准。

漏水平。分区计量系统的建立可以评估当前的泄漏水平，并根据结果确定区域检测的先后顺序。通过监测各分区的最小夜间流量可以即时发现新的漏点区域，再加上配套应用"十三五"课题成果"在线渗漏预警与漏点定位系统"，不仅在泄漏初期就能报警，而且还能即刻定位漏点位置，可以大幅减少经济损失，如果没有持续的泄漏控制，泄漏量会随着时间的延续而增大。分区管理系统是规模化漏损控制、减少供水管网泄漏与维持供水管网泄漏水平长久稳定的管理方法。

分区的大小影响泄漏水平的诊断。通常情况下，大的分区存在较大的泄漏，大的漏点容易被发现，但较小的漏点占最小流量的比例小，也即分辨率低，不易被发现。

2. 分区管理理论基础之一——ALR 理论

国际水协的 ALR（awaraness location repair，感知定位维修）理论是指：总漏水量=单位时间泄漏量×漏水持续的时间，其中将漏水持续时间划分为三个时间段，分别为发现时间、定位时间和修复时间。

发现时间指从漏水发生到水管理部门发现有漏水之间的时间。

定位时间指从发现时到精准定位漏水点所需的时间。

修复时间指漏水点一旦被精准定位后，完成漏点修复所用的时间，包括依法向有关管理部门发送申请所需时间。

ALR 理论中漏水量和泄漏时间的关系，见图 5-2-1。[④]

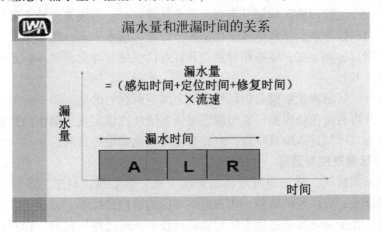

图 5-2-1　漏水量和泄漏时间的关系

举例说明：瞬时漏量 1 t/h 的小漏点如果一年后才被发现并修复，其年漏水量约为 9 000 t，总的漏水量相当于 DN400 管道发生一次爆管的损失量。由此可见，漏水持续的时间对总的漏水量有巨大的影响。因此快速发现漏水是降低漏失

④　Morrison J，Tooms S，Rogers D. DMA management guidance notes. International Water Association，2007.

的关键。

目前国际上最有效、最常用的漏损控制方式就是采用分区计量管理系统。供水企业通过把所辖区域按照管网进行合理划分，将整个供水系统分隔成若干个相对独立的计量区域，通过区域压力、流量监测、渗漏预警监测、爆管预警监测等手段可快速发现漏水迹象，大大缩短感知漏水的时间，达到逐步、持续降低漏损量、降低爆管发生次数的目的。配合供水管网分区计量漏损监控运营管理系统，可以实现对供水管网运行状态的实时监控，使供水企业管理模式由粗犷式逐步向以数据为依据的精细化管理模式过渡。

3. 分区计量系统内涵

分区计量管理将供水管网划分为逐级嵌套的多级分区，形成涵盖出厂计量到各级分区计量，直至用户计量的管网监测流量传递体系。通过监测和分析各分区的流量变化规律，评价管网漏失现状并即时做出反馈，将管网漏失监控工作及管理责任分解到各有关区域负责部门，实现供水的网格化、精细化、系统化管理。

供水管网漏损控制的方法包括主动漏失管理（分区管理）、压力管理、维修的速度和维修质量以及管网更新改造。目前供水单位投入产出比最佳的漏损控制方法就是分区计量管理。

根据管网系统的大小和数据分析方法的不同，分区管理系统包括 DMZ（district metered zone）以及 DMA。区域划分应根据用户数量、管网长度、用水量合理划分。分区管理的区域划分宜由大到小逐级嵌套，形成完整的水量计量传递体系和压力调控体系。供水单位应根据各个计量区域水平衡分析结果，采取相应的漏损控制目标和方案，实施相对独立和针对性强的差异化管理，包括计量损失与管理漏失处置。

通过分区区域流量数据分析可快速锁定漏损所在的区域，第一时间感知漏损的发生，并再通过在线渗漏预警与漏点定位系统快速锁定发生漏水的位置，进而再次确认漏点即刻进入维修阶段，以此实现规模化降损的目的。

4. 分区管理控制目标

管网漏损监测，就是通过对供水管网实施分区管理，科学、及时地控制漏损，降低漏损，提高经济效益，实现低碳环保的治理目标。

在分区计量系统实施过程中应用物联网技术，通过使用监测、探测、检测和控制技术，对管网进行智能化识别、定位、跟踪和监管，从而实现"信息采集、信息传输、信息分析、信息应用"，做到"常态"漏损监控、爆管预警，达到"四预"，即预防、预报、预警、预处理的目的，改变原来总是事故后处置的被动局面，以保障供水企业安全运营。分区计量系统的实施具体包含以下目标：

① 为供水企业调整和改善组织架构提供了硬基础；

② 实时监控供水管网的流量、压力和噪声，快速判断和解决供水系统漏损

问题；

③ 实时对异常信息进行分析处理，提供辅助决策支撑，进一步实现持续、稳定、长久地降低漏损，保障管网及其系统的正常运行；

④ 实现设备故障的在线报警，准确计算、评估供水系统漏损情况；

⑤ 兼容爆管预警、水质预警有关应用系统，为应急预案、管理调度、管网改造等提供实时数据依据；

⑥ 为实现智慧供水直至智慧城市提供翔实、准确的海量数据与基础系统支撑。

分区计量系统实现了系统漏损控制，包括对计量误差的分析、偷盗水、人情水的发现，以及对其进行处置。尤其是在配套应用在线渗漏预警与漏点定位系统以后，极大地提高了漏控工作效率。

5. 分区计量系统规划原则

漏损监控以分区为基本原则，通过把供水管网规划成若干个区域来监测管网的泄漏状况。在每个分区区域出入口安装多功能漏损监测仪，使之形成模拟封闭区。监测设备可在管道施工过程中随管道同时进行安装，也可在已有管道上安装。所有的数据通过公共网络传输到指定服务器，实现对管网运行状态及其相关在线设备的在线监测。

根据供水管道的特性及用户特性，分区原则如下。

① 分区越小，越有利于管网漏损监控，但需要增加监测点数量、增加安装和维护工作量，由此也会增加管理成本和工作量。因此应合理确定分区大小，确定分区阶层数，尽量减少监测点数量。

② 结合供水系统布局，遵循管网流向分区，尽量依照街道、河流、山体、铁路和输水干管作为分区的主要边界。

③ 保证供水安全，确定分区进水接入点。当进水接入点多时，进水接入点可选择安装双向计量的插入式超声波监测仪表。

二、分区计量系统实施流程

分区计量系统工程建设需要一个较长周期，需要根据实际情况，统一规划，分步实施。

1. 分区计量系统实施总体思路

首先需要明确的是供水管网分区不同于行政区域划分，不同于管网串联或并联的划分，它按照可封闭计量且各区域管网相对独立的原则将供水管网系统进行基于管网拓扑结构的划分，实施分区计量系统总体思路见图5-2-2。

这里需要说明的是：在《分区定量管理理论与实践》（第2版）叙述的实施分区计量总体思路一图中，"启动分区"一框是从 DMA 做起，当时主要考虑我

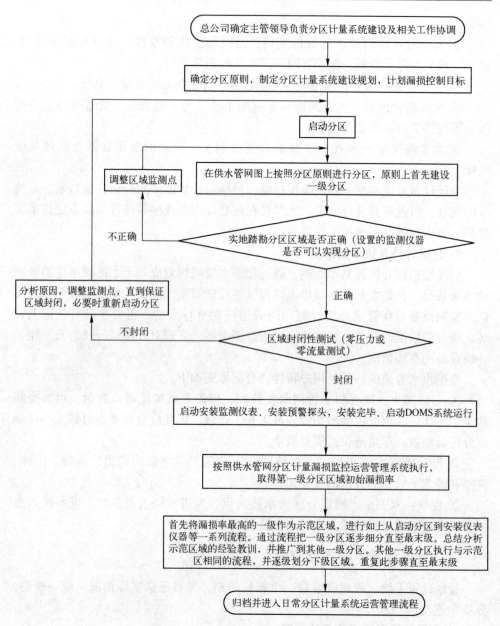

图 5-2-2　实施分区计量总体思路流程图

国分区计量系统处于起步阶段，但现在已经进入稳步建设分区计量系统阶段，所以，在本书的上述框图中描述的是"原则上首先建设一级分区"。有些供水企业如果基于原来的基础从两头往中间对接建设分区计量系统（以下简称 DMS）也是可以的，但是一定要注意总体规划要做好，否则在对接时容易产生问题。凡是新建设分区计量系统的，建议从一级分区建设起，这样有利于抓住漏损严重区域，尽快降低综合漏损率。

2. 分区计量系统实施步骤

分区计量系统应本着自上而下的原则实施，这样通过大区划分可快速锁定漏水严重的区域，对这些区域根据需求逐级划分并建设，有利于快速解决漏损问题，降低整体漏损。主要实施步骤如下。

（1）根据管网图确定分区方案及其监测点位置

通常根据管网图对目标管网进行分析，并初步确定分区方案，包括管网分区边界，设计监测点位置，然后通过实地踏勘，最终调整并确定边界监测点具体安装位置。

大的计量区域分区 DMZ 设计原则如下：

① 自然边界（河道、铁路、湖泊等）为分区边界；

② 以管网划分为基础，可以结合原行政区，按水源的供水范围及供水量进行划分；

③ 尽可能选择一些水力平衡点作为区域边界，通过阀门分隔区域；

④ 分区尽可能不影响压力和水质；

⑤ 模拟的封闭计量区。

DMA 分区设计原则如下：

① 供水管网的拓扑结构应清晰，便于封闭检测；

② 用户数量一般为 1 000~5 000 户；

③ 管线长度一般为 2~10 km；

④ 区域供水量一般为 500~2 000 m^3/d；

⑤ 分区是相对独立的封闭计量区域；

⑥ 分区进水路数最小化，最好只有一路进水。

（2）各分区封闭性验证

在安装区域监控设备之前，首先要进行区域封闭性检测，只有保证了各个区域的封闭性，分区计量系统方案才能取得良好的实施效果。

封闭性验证是保证分区计量工作成功实施的重要步骤。期间需要关闭预计安装监测仪表前的阀门来实现对区域的停水测试，这就需要各个监测点附近有阀门，并且阀门密闭性良好，可以正常启闭。对于没有阀门或无法关严的阀门要添加或更换，以保证封闭性测试的实施。

分区区域一旦划分好，就应该进行零压力测试，即停止该区域供水，检查压力是否能归零。所有边界和区域阀门都应该检查是否紧闭，如果发现阀门有问题，应立即更换，并重新进行零压力测试。

零压力测试的具体步骤如下。

① 在分区区域边界的阀门上做好标记。

② 测试时间一般为凌晨 1—5 点，并通知特殊用户（如医院等）做好停水准备。

③ 确认分区区域边界、边界阀门和分区区域供水阀。

④ 分区区域关键位置安装压力表记录压力。

⑤ 关闭分区区域供水阀，以保障该区域不再进水。

⑥ 分析压力数据。如果压力降到零，则边界密闭性良好。如果有较低压力，则可能存在未知连接。10 min 之后压力还没有降下来，可以通过模拟用水（打开分区中的消火栓）进行二次检查，看压力是否归零。如果没有未知连接，消火栓关闭后压力应不会升高。

⑦ 如果测试失败，压力升高，说明存在不明管线向该区域供水。这种情况下应评估各个监测点的压头（压力+高程），找出该区域的潜在进水口。这里必须要再次强调，验证分区边界密闭性非常重要，因为非密闭性会影响对该区域的正确评估。

⑧ 测试完成后，打开供水阀，检查压力，确保分区恢复正常供水。

（3）基础数据的收集与递交

监测点确定后，每个监测点应具备监测设备安装调试的现场条件，不具备条件的应创造相应条件，如设备井的建设等。为了保证数据分析的准确性，需要对各个分区区域的基础数据进行统计。统计的主要数据有：各区域管线长度；用户数量（包括居民和非居民用户）；夜间正常用水量（对 DN40 及以上的用户进行夜间用水量统计）；上年各个分区的月售水量。

这些基础数据要在系统正式运行前准确统计完毕，且递交系统分析工程师。

（4）设备安装与调试

在监测井内安装监测设备，如：多功能漏损监控仪或流量监测仪、压力监测仪；在线渗漏预警与漏点定位系统或噪声记录仪、水质监测仪等。根据管径、管材不同选取不同的安装方式，设备安装完毕后需要再次现场测试网络信号强度，确认是否具备数据传输条件。使用 PC 调试数据是否上传正常，连续测试 3 次正确无误后，方为安装调试完成。

（5）漏损监测与评估

根据夜间最小流量原理，应用 DOMS 系统对各分区进行漏损评估与运营管理。

通过该软件系统对各分区区域夜间最小流量、压力和噪声的监测，以及对区域内夜间用水状况的调查，综合判断区域内是否存在漏水及泄漏量的大小（且长期的流量监测可以快速反映漏水复原的现象），评估该区域的管网运行状况。

该软件系统以城市地图（GIS）为基础图层，可以显示监测片区的设备编号等基础信息及流量和压力的走向趋势，系统化分析各分区的管网运行状态，融合了 GIS、数据采集与监视控制系统（supervisory control and data acquisition，SCADA）、水力模型（hydraulic model，HM）、营收系统、抄表系统、压力系统等对各种漏失，包括管理漏失、人情水等做出分析，便于相关人员即时处置。

（6）水平衡分析与漏损原因解析

针对运营系统中发现问题区域，系统分析工程师应立刻分析漏损原因，并派单处置。导致出现问题的原因可能是物理漏失、计量误差、未注册用水，等等。需要针对不同原因采用不同的措施对漏损进行处置，可采取的措施如下：

① 对怀疑存在管网漏失的区域使用在线渗漏预警与漏点定位系统进行短时或长期监测，快速锁定漏水发生管段及漏点位置；

② 进一步使用听漏仪、相关仪、钻孔机等检测设备，精确确定漏水点位置，并安排维修人员 24 h 内进行开挖维修；

③ 对蓄水池溢流口进行视频监控，发现问题及时通知相关人员处置；

④ 如果发现计量问题，通知表务部门核查处置；

⑤ 若是由于压力引起，则通知压力管控部分处理；

⑥ 如果发现是抄收问题，责成相关人员处理，以杜绝后续再次发生；

⑦ 一旦发现未注册用水，立即通知稽查部门进行查处。

3. DOMS 应用系统

具体实施过程中，除了各种监测仪表、传感器的布设以外，还需要应用 DOMS 系统对采集到的相关数据进行汇总、统计、运用相关数学模型进行分析处理，得出造成漏损的各种因素，便于有关部门做出相应处置。

分区计量系统部署如图 5-2-3 所示。

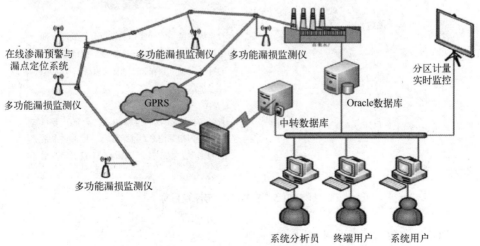

图 5-2-3　分区计量系统部署图

分区计量系统管理架构如图 5-2-4 所示。

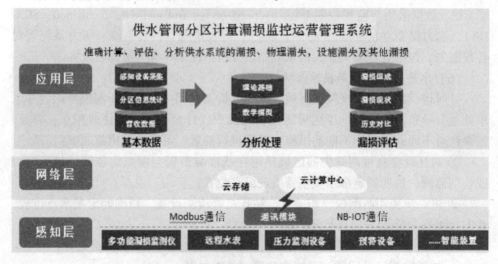

图 5-2-4　分区计量系统管理架构图

从 DOMS 系统的建设目标出发，根据系统建设的不同要求与不同阶段可将系统目标划分为基础目标、系统目标与高级目标三个层次，如图 5-2-5 所示。系统搭建时应分别针对不同级别目标的实现，设计相应的系统功能模块与实现方法。

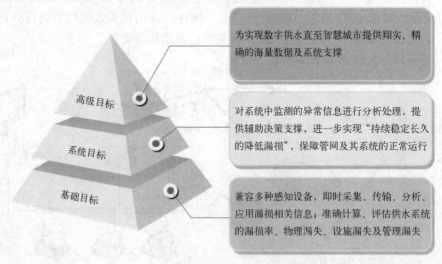

图 5-2-5　DOMS 系统各级目标

DOMS 系统特点与要求如下：

① 应用物联网技术，兼容主流操作系统与各种感知设备；

② 架构合理，人机交互界面友好，易操作；

③ 具有灵活的编辑、查询与报表生成功能；

④ 具有与其他软件操作系统的兼容性、可扩展性；

⑤ 具有移动端 App 程序辅助系统。

通过 DOMS 可采集压力、流量、噪声包括水质等数据，使用者只需要输入系统所需基础数据等相关数据信息，系统就可以根据各类传感器所采集到的数据，分析处理出对应的漏损有关情况。简而言之，DOMS 系统应可实现监测设备的数据接收、分析与报警，根据数据分析预测漏损原因，并按分析结果触发派工管理。同时，结合数据统计分析功能，以及其他有关应用系统提供的数据信息，为应急预案、管网改造、调度运行等工作提供数据依据与决策建议。

DOMS 系统主要功能如图 5-2-6 所示。

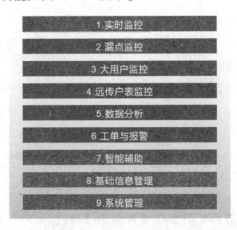

图 5-2-6　DOMS 系统主要功能

以上述 DOMS 系统为基础，为了进一步发挥其在实际漏损控制过程中的作用，还应与供水企业其他软件应用进行更加深入的融合与交互。具体包括以下目标：

① 与 GIS 系统进行交互，以 GIS 管网为底层图层，实时显示各分区、各监测点的运行状态，为漏损的排除提供更加准确的管网信息，为管网维护节省资金，以及其他相关问题的解决大大提高了工作效率；

② 实现与抄表系统的无缝衔接，采用数据对比、预测等方法，实现对抄表数据，特别是大用户用水量与用水规律的分析与挖掘，提高抄表准确率；

③ 实现设备故障预警能力，将设备运行及故障信息（如电量信息等）及时上报服务器，为设备长期可靠运行和快速维护提供支持。

④ 系统支持与一体化水务平台对接。

一体化水务平台系统已成为智慧管网建设理所当然的解决之道，对于供水企业而言，一体化水务平台不仅实现了供水企业各软件应用系统的平台化应用，也是其他子系统得以紧密融合、数据交互的必要基础。智慧水务的发展，不仅完全可以在这样的平台下得以顺利实施，且对数据的一致性和深度挖掘有重要的作用。图 5-2-7 是一个典型的一体化水务平台架构图。

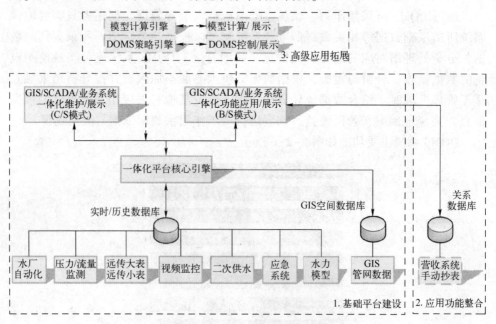

图 5-2-7　一体化水务平台架构图

系统的部分显示界面见图 5-2-8 和图 5-2-9。

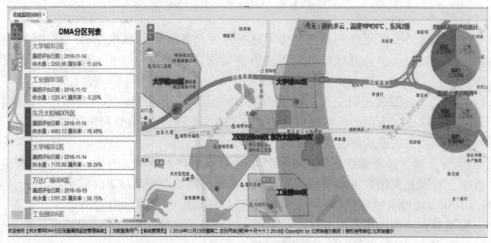

图 5-2-8　在线监测地图

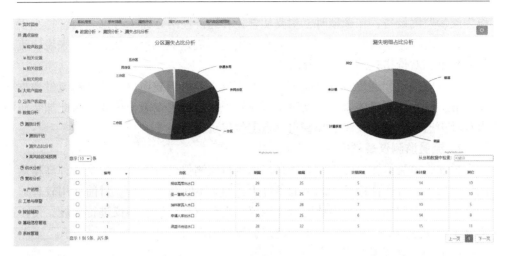

图 5-2-9 漏损分析

三、分区计量系统监测仪表的选择

分区计量系统监测仪表是计量夜间最小流量及评估整体漏损趋势的硬件支撑，为此，在选择监测仪表时要注意以下几点。

① 稳定性：监测仪表的重复性好，重复性误差要求±0.1%。

② 精度：精度要求不低于±1%。

③ 量程比：量程比 150:1。

④ 测量范围：流速范围大，尤其是低流速，（0.03~5）m/s。

⑤ 供电：供电方式多样化，要求能满足市电、太阳能供电和电池供电。

⑥ 低功耗：总功耗小于 5 W。

⑦ 满足双向计量。

监测仪表应该能够准确测量小流量，且在高峰流量时不至于引起过大的压头损失。精准的计量技术使得可以选到既能应付每日的高峰流量和季节性的需求，同时可以对下列场景准确地进行测量计量：

① 流入分区区域的夜间流量；

② 流入次级分区的夜间流量；

③ 与逐步测试关联的很低的流量。

监测设备的量程和准确性要求还依赖于所使用的模式。DMS 用来监测泄漏，因此可重复性比准确性更重要。在初始泄漏水平很高的情况下尤其如此。由于使用 DMS 来定量总的泄漏数据和历史流量趋势，加上用户使用趋势的需求日益增加，所以对每一个监测设备都要求测量准确且一致性高。

原则上（具有远传功能的流量计，以下统称流量监测仪）和远传水表均可作为流量监测设备，在选型时，主要从管径和经济性两方面来考虑。当管径小于200 mm 时宜选择水表，在大于 200 mm 时则选择流量监测仪。从成本上来说，流量监测仪相对价格较高，在选择时应综合考虑。

流量监测仪和远传水表只能监测管道流量，但对于漏损评估，仅有流量数据还不够，压力和噪声的监测数据对于快速发现漏水管段也极为重要，因此加装压力计噪声监测仪、在线渗漏预警与漏点定位仪也很有必要。

1. 流量监测仪表类型

目前管道流量测量的主要方式是采用流量监测仪进行计量，它是一种高精度的计量仪表，可在使用环境恶劣的条件下，24 h 不间断地运行。目前使用较普遍的有电磁流量监测仪和超声波流量监测仪。现对三种流量监测仪进行比较，便于实际工作中选择最适合所实施工程特点的流量监测仪。

（1）电磁流量监测仪

电磁流量监测仪可用来测量工业导电液体或浆液，无压力损失。测量范围大，电磁流量变送器的口径从 2.5 cm ~ 2.6 m。电磁流量监测仪测量被测流体工作状态下的体积流量，测量原理中不涉及流体的温度、压力、密度和黏度的影响。

电磁流量监测仪的应用有一定局限性，它只能测量导电介质的液体流量，不能测量非导电介质的流量。电磁流量监测仪是通过测量导电液体的速度确定工作状态下的体积流量。按照计量要求，对于液态介质应测量质量流量，测量介质流量应涉及流体的密度，不同流体介质具有不同的密度，而且随温度变化。

使用电磁流量监测仪时要注意以下情况与问题。

① 在使用时，必须排尽测量管中存留的气体，否则会造成较大的测量误差。

② 在测量带有污垢的黏性液体时，易带来测量误差。

③ 电极上污垢物达到一定厚度，可能导致仪表无法测量。

④ 供水管道结垢或磨损改变内径尺寸，将影响原定的流量值，造成测量误差。

⑤ 变送器的测量信号为很小的毫伏级电势信号，除流量信号外，还夹杂一些与流量无关的信号，如同相电压、正交电压及共模电压等。为了准确测量流量，必须消除各种干扰信号，有效放大流量信号。应该提高流量转换器的性能，最好采用微处理机型的转换器，用它来控制励磁电压，按被测流体性质选择励磁方式和频率，可以排除同相干扰和正交干扰。但改进的仪表结构复杂，成本较高。

电磁流量监测仪的安装与调试比其他流量监测仪复杂，且要求更严格，具体如下。

① 变送器和转换器必须配套使用，两者之间不能用两种不同型号的仪表配

用。在安装变送器时，从安装地点的选择到具体的安装调试，必须严格按照产品说明书要求进行。安装地点不能有振动，不能有强磁场。在安装时必须使变送器和管道有良好的接触及良好的接地。

② 由于高精度电磁流量监测仪必须停水安装，这会造成局部或大范围停水，影响正常供水。

（2）超声波流量监测仪

超声波流量监测仪是一种非接触式测量仪表，可用来测量不易接触、不易观察的流体流量和大管径流量。它不会改变流体的流动状态，不会产生压力损失，且便于安装。可以测量强腐蚀性介质和非导电介质的流量。超声波流量监测仪的测量范围宽，测量口径范围从2 cm~5 m。超声波流量监测仪可以测量各种液体和污水流量。超声波流量监测仪测量的体积流量不受被测流体的温度、压力、黏度及密度等热物性参数的影响，可制作成固定式和便携式两种形式。插入式和外夹式可带压不停水安装，安装过程中不影响正常供水和管网正常运行。

超声波流量监测仪的温度测量范围不高，一般只能测量温度低于200℃的流体。抗干扰能力差，易受气泡、结垢、泵及其他声源混入的超声杂声干扰、影响测量精度。直管段安装要求严格，为前10D，后5D，否则离散性差，测量精度差。安装的不确定性，会给流量测量带来较大误差。测量管道因结垢会严重影响测量准确度，带来显著的测量误差，甚至会在严重时出现仪表无流量显示的情况。可靠性、精度等级不高（一般为0.5~1.5级），重复性差。超声波流量监测仪是通过测量流体速度再乘以管道内截面积来确定流量的，而无法直接测量内径和管道圆度，只能根据外径、壁厚按标准圆估算截面积，由此带来的不确定性超过1%，因此精度受到限制。

（3）多功能漏损监测仪

多功能漏损监测仪是一套由压力、流量、噪声传感器及数据记录仪组成的一体化监测系统。根据要求，应合理选择管道监测点（一般选择管道阀门）使用户能即时发现管道是否存在渗漏或大的泄漏，起到在线实时监测预警的作用，从而降低爆管概率和供水安全事故的发生概率。

在实施分区计量系统过程中，大多数情况需要在现有管网上新安装设备，因此，除了选择技术要求和性能特点符合要求以外，必须考虑尽可能地减少对正在运行的管网的干扰，特别是尽最大可能避免在主管网上断管。因此选用带压打孔安装方式的监测设备是最佳选择。还有，通常压力测量也是需要打孔并与被测介质接触的，如果将压力和流量测量集成后只需通过开一个孔就可解决两种参数的测量问题，可大大降低工程量；同时，若再将噪声传感器固定在该传感器上，然后将三个传感器的测量结果通过一个数据采集模块及一个无线 GPRS 模块或NBIOT 传输到互联网上，通过客户端软件对数据进行收集处理，这种拓扑方式可极大地发挥该设备的灵活性。

不同的多功能漏损监测仪的工作原理不同，但主要基于两种原理，一是超声波，二是电磁原理。两类原理的仪器各有特点。超声波监测仪的主要特点是启动流速低，一般可监测 0.03 m/s 的流速，而电磁监测仪一般要至少 0.1 m/s 以上。超声波监测仪相对于电磁监测仪（插入式）的缺点是需要打两个孔，且是两侧安装，需要管道两侧留有足够的操作空间，接线较电磁式的稍多。但超声波的功耗通常较低，适合于电池供电方式应用，而电磁式的要达到相同的使用时间则需要的电池容量大几倍。到底选用哪类设备，需要根据实际情况决定。

多功能漏损监测仪使用流量、压力、噪声参数综合监控区域泄漏情况，结合分区管理软件的强大分析功能增强了三合一（流量，压力，噪声）漏损监测仪的使用效果。通过将三个参数的有机整合，减少了分别安装调试三套设备的工作量，降低了成本，大大提高了工作效率，并且由于采样点一致，使分析结果更具有准确性和适用性。通过 GPRS 模式数据记录仪的配合，能够更加有效地增加数据采集、传输和分析处理的能力及效率，降低系统维护的难度和费用。

多功能漏损监测仪的主要特点如下：

① 流量、压力、噪声数据的有机结合；

② 采用插入式流量传感器，带压打孔安装，不影响正常供水；

③ 数据采集频率、发送频率等可以灵活设置；

④ 数据记录仪采用大容量电池，低功耗设计，最大限度地保证了设备的使用时间；

⑤ 主机采用不锈钢材质，耐腐蚀，耐压力；

⑥ 结构紧凑，重量相对较轻。

（4）三种超声波流量监测仪性能比较（见表 5-2-1）

表 5-2-1　三种超声波流量监测仪性能比较表

比较项目	插入式超声波			管段式超声波			外夹式超声波
管径范围（mm）	DN80~4 000			DN20~2 000			DN20~4 000
流速范围/(m/s)	0.01~12						
准确度/%	单声道	双声道	四声道	单声道	双声道	四声道	1.0
	1.0	1.0	0.5	1.0（校正0.5）	0.5	0.5	
测量介质	饮用水、河水、海水、地下水、冷却水、高温水、污水、润滑油、柴油、燃油、化工液体、其他均质流体						
管道材质	金属（如碳钢、铸铁、不锈钢、铝等）非金属材质（如 PVC，有机玻璃等）						
管衬材质	玻璃钢、砂浆、橡胶等						

续表

比较项目	插入式超声波	管段式超声波	外夹式超声波
信号输出	1. 4~20 mA：阻抗小于 800 Ω，光电隔离，准确度 0.1%。 2. 累计脉冲输出：光电隔离，无源开路输出，传输距离小于 500 m。 3. RS-485：光电隔离，波特率可选择，传输距离大于 1.6 km。 4. 打印机：RS-232 串口模式。打印机为选配件。 5. M-BUS		
显示器	2×10 中文显示或英文显示		
测量功能	显示瞬时流量、瞬时流速、正累计流量、负累计流量、净累计流量、累计运行时间、瞬时供热量、累计共热量、断电时间等		
环境温度	转换器：-10~45℃（特殊环境请说明） 传感器：-40~+60℃（常温型） 　　　　-40~+160℃（高温型）		
传感器材质	不锈钢和陶瓷	不锈钢和普通碳钢	常温型为尼龙高温型为合金铝
传感器承压能力	管内部分压力≤4.5 MPa	DN20~700 mm≤2.5 MPa DN800~2 000 mm≤1.6 MPa	与管道内压力无关建议不浸水工作
传感器防护等级	IP68		
转换器防护等级	壁挂式转换器：IP65　盘装式转换器：IP52　一体式转换器：IP67		
传感器电缆型号	专用电缆 SEYV-75-2（直径 7 mm），越短越好，减少干扰，也可以加长到 300 m 若长要加粗电缆		
工作电源	AC220V，DC12~36 V 0.8 A（可选）		
转换器外形尺寸	壁挂式：213 mm×185 mm×107 mm　盘装式：160 mm×80 mm×250 mm　一体式：185 mm×140 mm×100 mm		
传感器外形尺寸	220 mm×φ20 mm（杆部）×φ50 mm（连接部）	见管段传感器数据表	60 mm×40 mm×35 mm
安装方式	不停水安装	停水安装	不停水安装

2. 压力监测仪（压力计）类型与比较

（1）压力计（压力监测仪）类型

压力传感器及变送器分为表压、尽压、差压等种类。常见的有 0.5%、1.0%、2.0%、2.5%等精度等级。可丈量的压力范围很宽，小到几十毫米水柱，大的可达上百兆帕。不同种类压力传感器及变送器的工作温度范围也不同，常分成 0~70℃、-25~85℃、-40~125℃、-55~150℃几个等级，某些特种压力传感器的工作温度可达 400~500℃。

压力传感器及变送器基于不同的材料及结构设计有着不同的防水性能及防爆

等级，接液腔体由于材料、外形的差异可丈量的流体介质种类也不同，常分为干燥气体、一般液体、酸碱腐蚀溶液、黏稠及特殊介质。压力传感器及变送器作为一次仪表需与二次仪表或计算机配合使用，压力传感器及变送器常见的供电方式为：DC 5 V、12 V、24 V 等，输出方式有：0~5 V、1~5 V、0.5~4.5 V、0~10 mA，0~20 mA，4~20 mA 等，以及 Rs232、Rs485 等与计算机的接口。

目前各种类型的压力传感器，如扩散硅、电容式、硅-蓝宝石、陶瓷厚膜、金属应变电式等类型的压力传感器，正广泛应用于国民生产的各行业及科学技术领域。下面就简单介绍一些常用压力传感器的特点及其相互之间的差异。

（2）压力监测仪性能比较

① 蓝宝石压力传感器。

蓝宝石压力传感器利用应变电阻式工作原理，采用硅-蓝宝石作为半导体敏感元件，具有无与伦比的计量特征。

蓝宝石由单晶体绝缘体元素组成，不会发生滞后、疲劳和蠕变现象。

蓝宝石比硅要坚固，硬度更高、不怕形变。

蓝宝石有着非常好的弹性和绝缘性，因此，利用硅-蓝宝石制造的半导体敏感元件，对温度变化不敏感，即使高温条件下，也有着很好的工作特性。

蓝宝石的抗辐射特性极强。

硅-蓝宝石半导体敏感元件无 p-n 飘移，因此，从根本上简化了制造工艺，提高了重复性，确保了高成品率。

用硅-蓝宝石半导体敏感元件制造的压力传感器和变送器，可在最恶劣的工作条件下正常工作，并且可靠性高，精度好，温度误差极小，性价比高。

② 扩散硅压力传感器。

扩散硅压力传感器的工作原理：被测介质的压力直接作用于传感器的膜片上（不锈钢或陶瓷），使膜片产生与介质压力成正比的微位移，使传感器的电阻值发生变化，用电子线路检测这一变化，并转换输出一个对应于这一压力的标准测量信号。

扩散硅压力传感器具有工作可靠、性能稳定、安装使用方便、体积小、重量轻、精度高、性能价格比高等特点，在各种正负压力测量中得到广泛应用，也是目前供水系统中应用最多的压力传感器。

③ 陶瓷压力传感器。

抗腐蚀的陶瓷压力传感器没有液体的传递，压力直接作用在陶瓷膜片的前表面、室膜片的表面，使膜片产生微小的形变，厚膜电阻印刷在陶瓷膜片的背面，连接成一个惠斯通电桥（闭桥）。由于压敏电阻的压阻效应，电桥产生一个与压力成正比的高度线性的、与激励电压成正比的电压信号，标准的信号根据压力量程的不同标定为 2.0 mV、3.0 mV、3.3 mV 等，可以和应变电式传感器相兼容。

通过激光标定，传感器具有很高的温度稳定性和时间稳定性，传感器自带 $0\sim70℃$ 的温度补偿，并可以和绝大多数介质直接接触。

陶瓷是一种公认的高弹性、抗腐蚀、抗磨损、抗冲击和震动的材料。陶瓷的热稳定性及它的厚膜电阻可以使它的工作温度范围高达 $-40\sim135℃$，而且具有测量的高精度、高稳定性。电器绝缘程度大于 $2\,kV$，输出信号强，长期稳定性好。高特性、低价格的陶瓷传感器将是压力传感器的发展方向。

3. 噪声监测仪的类型

（1）噪声监测仪，又名渗漏预警系统

噪声监测仪是为解决管网普查或重要管段运行监控问题而开发的产品。噪声监测仪通过噪声强度的变化来判断被监测区域内是否存在泄漏情况。根据记录信息的传输方式，噪声监测仪可以分为巡检式和 GPRS 远传式两种，也可以混合使用两种方式。使用该系统能够尽早发现漏损的迹象，最大程度的减小漏损时间，降低损失。通过噪声传感器采集被测点噪声信息，分析并记录其强度和主要频率成分，通过比对最小噪声，然后根据噪声的连续性和稳定性判断是否存在泄漏。

我国的噪声记录仪，通常称作渗漏预警系统，是"十二五""供水管网漏损监控设备研制及产业化"课题的成果，国外同类仪器应用的比较早。

（2）在线渗漏预警与漏点定位系统

"在线渗漏预警与漏点定位系统"是国家"十三五"课题成果之一。它在渗漏预警的基础上，实现了智能化在线漏点定位功能，是实现规模化降损、分区计量系统配套的极佳利器。

需要说明的是：无论选择哪类、哪个厂家的监测仪表，一定要遵守国家信息安全要求。

第三节　漏损监控运营管理流程

目前实施并应用 DOMS 系统已经成为供水企业必不可少的一项工作之一。但是，经过调研发现，供水企业在分区计量系统建设和应用中，确实存在不少需要改进并进一步完善、提高的环节。

多年来供水行业多个单位实施分区计量系统的成功经验与失败教训，充分证明在应用分区计量系统的过程中，"运营管理流程"是一个关键的、不可忽视的环节。也就是说，在严格按步骤成功安装、调试各个环节的软硬件以后，取得实施分区计量系统良好效果的另一个关键环节，在于是否坚持和严格执行分区计量系统的"漏损监控的运营管理"过程，且实施监控各个管理环节。如果这些环节不能严格把控，就不会收到良好的效果。总之，分区计量系统经过各类测试验证合格后，主要的工作就两点：一是维护好分区计量系统的软硬件；二是严格抓好、抓紧运营管理流程。亦即应用 DOMS 系统，严格实时监控漏损，作好人机对话，最终实现系统控制漏损的目的。

应用 DOMS 系统实现运营管理的流程如图 5-3-1 所示。

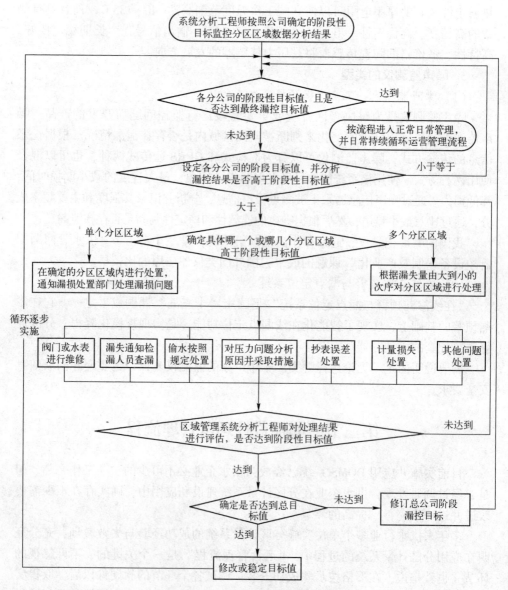

图 5-3-1　系统运营管理流程

1. 概念

为了便于讨论运营管理流程，首先介绍以下三个概念。

① DMZ。所谓 DMZ，实际上就是我们在分区中划分的大的区域。比如，供水公司在建立了分区计量系统后，以分区计量区域为基础调整后的供水管理所，即建立在供水管网一级分区 DMZ 基础上的设置。在供水企业日常管理中可以把这些区域看作是一级或者二级的分区区域。

② DMA。DMA（district metered area）则是小的或者最后一级区域的简称，或者也可以把剩余的其他级别的分区计量区域都称为 DMA。

③ DOMS。在整个运营管理过程中，应用了 DOMS 系统。应用 DOMS 系统的过程，实际上就是人机界面互动的过程，是系统分析工程师与相关部门根据单位内部工作流程，以监测数据为依据，对供水各区域进行系统化漏损监管和执行的过程。

DOMS 系统的前身 wDMA（water district metered area）是按照中国国情，并参考国际水协《DMA 管理指导要点》编制而成的，其中运用了不少算法和数学模型，其在漏损控制运营流程中起着关键指导作用。

DOMS 系统实际上是根据近年来供水企业应用的情况反馈，在原来的 wDMA 系统中增加了一些实用性的新功能。

增加的功能有四大功能模块及十二个子功能模块。DOMS 系统的内容发生了本质性的变化。它管理的内容，不仅仅是 DMA，更重要的是覆盖了全部管网部分，包括 DMZ，以及与漏损有关的其他业务子系统。

2. DOMS 系统初始设定

DOMS 系统本身是一套开放的、具有 App 功能的软件系统，在分区计量运营管理过程中需要不断地进行人机交互。该系统在运营过程中需要进行初始设定，主要包括以下几方面。

（1）设定及修改初始监控阶段目标

供水企业之间的漏损控制情况差别很大，所以该系统在编制的时候充分考虑到了这一特殊情况。各个单位的、每一周期的监控目标的设定可以根据国家要求与自己实际目标的差距，设置分阶段达标。差距比较大的，可以分的周期多一点。也就是说，漏损的监控需要的时间要长一些，甚至达标本身就需要几年。有的差距比较小的，达标周期就比较短。无论周期长与短，问题的关键在于坚持上述运营管理流程执行，要有阶段性、计划性地实现供水企业漏损控制总目标。

举个例子，比如，某个自来水公司，经过测试真实漏损率只有15%，那么第一次的初始值可以直接设定为12%。阶段性目标的确定主要是根据自来水公司具体情况而定，最后达到国家要求的目标值。当然，假定自来水公司在一级大城市，供水量比较大，完全可以分成几次达标。第一次先假定降低1%~2%，然后再分几次，最后再设定到国家要求的目标值。

（2）确定漏损控制及其漏水定位作业的优先次序

这点主要根据各个分区的漏损数据大小来排出漏控区域的顺序，进而在每个分区区域根据漏损组成原因的数据高低或者大小来确定。比如，水表漏失误差较大，那么就发动表务及相关业务管理部门的人员检查各类表具、阀井问题。如果情况不明，可以协调相关部门逐步排查。例如，指派检漏部门检查管网漏失，或者同时协调稽查部门检查是否有偷盗水情况。当然还有一种可能性就是人工抄表数据是否存在误差较大的情况，这点要引起日常管理的注意。

这些相关部门的作业见图 5-3-1。

（3）监测用户投诉，尤其是供水变色、压力低和无水

这点虽然在运营流程中没有明确表达出来，但是，这是必须要做的工作。要定期检查、开放或者处理那些因为建设分区计量系统，以及因关闭阀门而引发的水质问题，也要在流程中对关闭的阀门，设置定期提示，开启放水。

3. 日常操作

已关闭阀门的状态要定期检查。这点需要反复强调，要用书面通知有关人员阀门的变动情况，且告知定期开放阀门，以便杜绝由此而引发的水质变化问题。但是需要提醒的是，在特殊情况下边界阀门必须打开，注意此时的流量数据不得作为漏损评估使用。

在建设分区计量系统时，要把 DMZ、DMA 边界阀标记清楚，便于所有人员识别，在这里提醒的目的是便于漏控运作。

对计量流量进行一致性监测。进入每一个 DMZ 或者 DMA 的日流量形态应该遵从该区域内的日消费形态。如果不是这样，那就可能是边界阀等出现了问题，应展开调查并且进行解决。

当夜间使用和用户日消费量可以估算出来时，可以通过简单的检查来确认由夜间流量测出的水损失与由进入 DMZ、DMA 的日净流量减去日总消费量计算得到的水损失是否相一致。如果不一致，那就可能是区域存在漏损问题，要进行漏水检测。

4. 漏损控制目标设定因素

在供水系统中，各单位控制漏损的目标可能不同，比如：

① 为了改善供水的服务期限、可靠性和服务质量；

② 防止水源的减少；

③ 为了节省水处理和敷设管道的费用；

④ 满足源水获取需要和泄漏监管目标。

具体的漏控目标要纳入供水公司的战略规划中。这个目标将成为后续建立分区计量系统执行漏损控制的基准。

对漏控目标所采用的措施和方法主要有：主动检漏；压力管理；基础结构管

理；维修管理；与漏损有关的管理内容有表务管理、计量管理、基础设施管理、稽查、监控未注册用水等。

不管采用什么方法，目的不单是降低漏损水平，还要保持稳定的低泄漏水平。对来自主动检漏的漏损目标的评估，应该与对检漏和修复的人力需求的评估同时进行。根据各地供水单位的不同情况，在未达到漏损控制目标以前，需要的漏损处置及维护人员要多，一旦达到目标以后，就可以适当减少人员，但人员的素质要高。这一点在我国供水行业中普遍缺乏认识。

5. 分区检漏次序确定方法

在建立分区计量系统以后，整个供水企业或者区域泄漏水平可以在规定的基准上评估出来。现在的问题是确定漏控优先次序，挑选漏损严重的区域。换句话说，漏损率最高的区域首先执行检查水损。具体选择哪个分区开展漏控，首先要进行投入产出比分析，漏控处置带来的效益大于漏损处置成本，就要对漏损进行处置，如果漏损处置效益小于投入，则可以暂时不考虑漏损处置。但影响社会效益的特殊情况除外。

（1）投入产出比分析中四个关键因素

① 检测和其他的修复成本作比较；

② 检测和修复的成本是否能降低泄漏水平；

③ 区域漏损处置产生的效益；

④ 要注意重复漏水的频度，即区域漏水的复原现象。

（2）排序计算方法

① 简单的计算方法。对于连续供水管网，最简单方法是以每个用户的超量泄漏来表达漏水程度。分区漏损排序方法是，按照单个用户超量泄漏由高到低排序。选择单个用户超量泄漏最严重的分区区域进行检漏。这反映了一个事实，城镇检漏成本的绝大部分与用户数相关。不过，如果连接密度低（100 m 主管道少于一个连接，例如远郊区或少数几个连接就可以向一大片公寓供水），DMZ、DMA 的排序也可以按照每千米主管道的超量泄漏来确定。这说明，在低连接密度的情况下，检漏成本的绝大部分与主管道长度密切相关。

② R 值排序法。如果供水管网具有以下特征：

● 边际收益是指节省 $1 m^3$ 水所获得的收益，须根据实际情况确定；

● 计量分区之间的边际收益差别明显；

● 每个分区中泄漏上升的速率相似或未知。泄漏上升速率是指在主动检漏周期之间泄漏量随时间上升的速率。通过分析长期流量和维修记录就可以测量出来，它一般表示为升/（户·天·年）。

那么分区区域可以根据边际收益与超量泄漏的乘积和用户数的比值来排序。

$$R = \frac{边际收益(m^3) \times 超量泄漏(m^3/d)}{用户数}$$

首先选择这一比值最高的区域进行处置。

6. 可能影响准确计算漏损数据的三个实际问题

① 需要分析历史数据以便得出合理的估算，因为在 DMZ、DMA 刚刚建立时，计算可节省的效益是很困难的。

② 要训练检漏队伍的实际执行力，要让检漏队能够随时调用，以便于确实降低漏损率，包括其他有关部门的配合。

③ 如果没有合理的、可用的原有数据，就应回归到更简单的方法，使用实际可以得到的数据，这样有利于分析由分区大小不同而引起的漏损差异。

7. 流量数据核实确认

当获得流量数据时，可能需要对分区区域进行检漏，但为了谨慎起见，需要对数据反复核实后再派漏控人员去处置漏损。核实的主要内容如下。

① 流量增大的时间是一天还是连续几天，一般超过一天再采取措施。

② 水消耗量的突然增加是否由大用户引起。对于大用户，可考虑专门安装流量监测仪监测其用水情况。

③ 是否存在夜间用水减少的情况。如果分区刚刚建立，可能会出现这种情况。

④ 用水变化是否因为管道维修引起，任何这种作业都要通知漏控人员。

⑤ 边界阀是否动过，突然的流量变化往往是分区边界阀的打开或关闭造成的，任何这种变动都要通知漏控人员。

⑥ 是否所有的流量监测仪都在正常工作，单个流量监测仪的异常也会影响相互连接的分区的漏水量的变化。

⑦ 消火栓是否打开过，这种情况应该登记为突发高峰流量数据，不能包含在泄漏估算中。

8. 分区检漏时机的选择

（1）干预点选择

应该将开始检查漏水的临界点称为干预起始点，这个位置一般允许有一定量的漏水。只存在背景泄漏而查不出漏水的点，称为干预终止点。在一开始漏水很严重的管网，干预终止点允许包含若干潜在可定位漏水点。

干预点是基于分区区域排序所采用的方法。如果干预点设定为一个流量，那么分区区域大小会影响实际可以设定的最低干预点。当漏水程度用费用来衡量时，就可以将它作为分区区域检漏的干预起始点和干预终止点，见图 5-3-2。

（2）主动检漏时间设定

如果有大量检测维修成本数据可供使用，就能很容易建立一个"选定 DMA

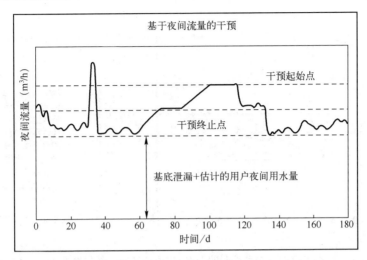

图 5-3-2　典型干预点

数值"的模型，来获得最佳经济效益。为渗漏过程建立不同模型或者把某个模型简化，就可能需要各种各样的参数。下面的模型非常简单，并且很容易实现。即对于每个 DMA 数值来说，我们只需要下面的数据：

① 区域泄漏水平控制到期望水平所需的费用；

② 检测维修后获得的收益；

③ 泄漏水平的增长率。

重要的假设因素主要有：

① 泄漏水平的增长率为线性；

② 主动检漏后的渗漏水平当前数值与最初漏水数值没有任何关联；

③ 所有基础数据都能够精确预测；

④ 从节水角度考虑，要检测出所有漏水点。

在这个模型中，由于泄漏水平是逐步增加的，我们应该把检测维修成本与其产生的效益相等作为检测介入点，如图 5-3-3 所示。

9. 将漏损量排序列入分区管理

当分区计量系统建成之后，应至少每周进行分区排序，必要时每天或者随机进行分区排序，这主要取决于分区区域的泄漏水平是否高于设定目标值。

应该定期核查排列优先次序的方法，同时评估哪些区域需要检漏，哪些分区有问题，且需要调查。

分区计量的排序方法随着技术人员知识的积累会逐步进步。当实际的主动检漏费用成本产生之后，就有可能通过比较实际费用和收益后，对采用的方法进行评价。依据评价的结果，应该定期对泄漏目标水平和供给资源水平进行修正。

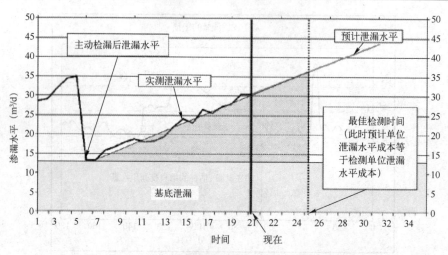

图 5-3-3　主动检漏的 DMA 数值选择的可替代性方法

整个过程见图 5-3-4。

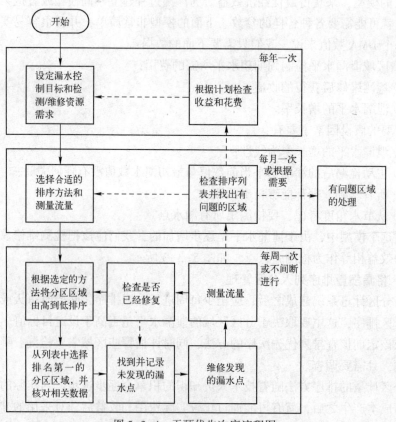

图 5-3-4　干预优先次序流程图

所有好的排序系统都简单易懂，上述流程图可为工作人员提供优化漏损处置所需的数据，同时能随着详细信息的积累和漏损的降低而不断完善。

10. 漏损处置结果异常分析

根据 DOMS 系统排出的分区区域泄漏水平进行处置后，应对处理结果做出评价。在有些情况下，漏水降低量比预期要少得多，或者没多长时间又重复漏水。这样的分区称作"问题区域"，要足够引起重视，除了做出标记以外，同时可采用下面的方法来处理。

（1）漏水点少、漏水量高

有许多原因会导致只查出几个小漏点，但漏水程度明显很高。如果分区被验证边界密闭性良好，那么基本上有两个主要因素会造成此类问题：①泄漏水平的计量错误；②漏点定位作业错误。

首要的任务是验证泄漏水平。分区边界的密闭性是否很好地检查过，是否存在未知的或非法的用水，此过量的泄漏水平是否确实值得进一步的调查。下面探讨一些建议步骤，具体见表 5-3-1。

如果泄漏水平是正确的，就有必要评估漏损点定位作业的准确性。特别要注意是否有的漏损点没有被检测出来。

表 5-3-1　确认漏损真实性需采取的步骤

步　骤	方　法
查内部计量结果的一致性	检查流量监测仪记录的流量与计算泄漏使用的流量是否相同。 简单的方法是读两次流量监测数据，比如间隔 24 小时。 通过流量的累积流量数据与同一时段用于计算分区。 泄漏量使用的系统（比如数据记录仪）的总流量作比较。如果数值不一致，检查系统获取数据的流量监测仪的脉冲系数可能不正确
检查分区基础数据	检查计算泄漏水平的基础数据。包括所有用户流量监测仪的读数，以及对家用、非家用损失的补偿量，家庭用户数和非家庭用户数，例外的用户和计算背景损失所需的数据
检查泄漏量计算	使用经过核对的分区区域数据，经过核对的夜间流量信息，计算得到的过量夜间流量，但不使用原来的计算软件。要重新计算一遍
检查计量误差	如果分区区域内有几个计量的入口和出口，那么计算总的计量误差也许是有用的。使用 0.5% 的误差，如果总的误差已能构成超量泄漏，那么应考虑重新设计 DMZ、DMA 减少流量监测仪数目，或更换那些有较小比例的误差就会在泄漏报告中造成大的误差的流量监测仪
检查边界阀	边界阀的检查方法与设立新的分区区域时的检查方法相同
执行零压力测试	执行零压力测试，确认不存在未知的连接，施加在分区区域边界上
小间隔流量记录	使用小间隔流量记录技术记录随时间变化的夜间用水。这可能显示夜间用水高于（或低于）预期

步　　骤	方　　法
验证流量监测仪准确性	某些进入/流出分区区域的流量可以直接用其他流量监测仪的组合来验证。但也有一些情况下无法验证。这时就应该对流量执行验证。验证是否可能需要更换流量监测仪。更换流量监测仪之后，用新的流量监测仪读数来计算新的泄漏量。 另外一种方法，是在现有流量监测仪的下游插入一个流量监测仪，比较两个流量监测仪记录的流量。 夜间流量的检查，是确认有没有机械式流量监测仪在最小流量时停转。如果停转的流量监测仪是在出口，会导致明显的高泄漏。 检查流量监测仪的安装是否符合制造商要求的条件。包括上下游的直管长度，是否存在射流。检查安装有没有异物
非法用水	如果分区区域中包含计量的非家庭用户，具有潜在的大用水量，要注意可能会发现非法用水
修复与否	核查报告的漏水是否已执行了修复
重新考虑夜间用水预留	分区区域中要仔细对照家庭用户的清单检查那些不计量的家庭用户，同时查找那些不计量的大用户。一旦发现，要严肃处理，且安装流量监测仪，如果有可能的话，监测其夜间用水。同样，对于已计量的，潜在夜间用水量大的用户也需要进行监测。 人工巡查分区区域也许会发现夜间用水多的家庭用户，或者夜间用水量大的地方，比如一些公共的活动场所，比如：洗浴中心、养生场所、餐饮、游泳馆等。如果分区区域中上倒班的人员比例多，或者有大的公园在夜间浇水的话，就需要重新考虑这些地方夜间用水量的处理问题

所以，有必要利用水力模型，更精确地辨识管网中产生最大用水量的管段，可以通过在夜间逐步测试来实现。在这个测试期间，关闭选定的管路阀门，管网逐步向分区区域的入口逼近。每逼近一步，流量立刻减少相应于分区区域里部分的使用量。最好是在测试过程的每一步都对压力进行监测，以确认关闭阀门有效地起到了分区的效果。如果管网无法分区，也可以采用次级计量的方法，目的相同。由于设立流量监测点成本大，所以事实上不可能用这样的方法来验证管网的隔断。

这里重点不是研讨流量逐步测试的详细步骤，下面只总结关键点：

① 测试中任何用户夜间用水量都要计量；

② 分区应尽可能小；

③ 在测试之前，所有被关闭的阀门都要核查密闭性，更换有问题的阀门。

作为逐步测试或次级计量的结果，主管道可能会被检查出包含高的夜间流量损失。在这些区域要重复检漏作业，有些情况下还要增加新的监测点以减少相关长度。

　　还有几种非直接的方法可以应用到分区区域的检漏中，包括应用区域内部的压力记录来辨认在短距离内发生大的压头变化的主管路，以及应用水力模型模拟泄漏的压力效应。

　　（2）漏水量过低

　　如果 DMA 中泄漏很低（相应于 DMA 的特性来说比预期的低很多）那就要调查 DMA 是否是在正确地起作用。表 5-3-1 中提到的几点可以作为核查清单，以确认低的泄漏是真实的，把其他漏失的基数调低。

　　（3）漏水频率高

　　即使所有的明显泄漏都已经成功地定位和修复，泄漏的降低也可能是很短期的。这是管网状态恶化的信号，当修复漏点后压力升高，有以下两种解决方案。

　　① 更换主管道。更换主管道是成本最高的解决方案。只有在水价很高的时候这样做才具有经济上的合理性。不过这样做就意味着完全消除了漏水的可能性。在部分替换最糟糕主管时也要注意，应使更换的原有主管的泄漏不至于增大。

　　② 压力控制。这是既有效又经济的解决方案。它牵涉在分区区域的入口处安装减压阀。它不但可以全程为管网提供最优的压力，还可以在维持管网初始工作压力不变的同时，自动补偿泄漏修复后流量的降低。经验表明，这样做即使在供水压力很低的管网中也可以极大地降低漏水频率。不过它的理想条件是单一水源供水和质量比较高的主管路，在严重的情景下，也不能排除更换某些主管道。

　　所有检测到的漏点都要修复，修复的日期和时间要做好记录。修复漏点的漏水量可以进行粗略估算，在修复前后对进入分区区域的流量和夜间最小流量的变化要做好记录。AZNP（average zone night pressure，区域平均夜间压力）应该进行监测。泄漏修复的结果有以下几种可能，如表 5-3-2 所示。

表 5-3-2　泄漏修复的结果

序号	结　　果	改　善　措　施
1	检测到漏点并已修复：夜间流量下降的量符合预期	不需要
2	检测到漏点并已修复：夜间流量下降的量低于预期	进一步调查夜间用水，调查压力降低的可能性
3	检测到漏点并已修复：夜间流量没有下降或反而增加	考虑对主管路或供水管路进行更换，在分区区域中查找新的漏点，调查压力降低
4	检测到漏点并已修复：夜间流量下降之后又上升了	在分区中查找新的漏点，调查压力降低，考虑对主管路或供水管路进行更换
5	在夜间流量损失高的很长的主管路上未检测到漏点	进一步调查夜间用水，调查压力降低，考虑对主管路或供水管路进行更换

在查处泄漏没有实质性下降的前提下，考虑压力控制，因为它对于漏水频率及现存泄漏损失都是有效的。更换主管路和供水管路是消除泄漏问题最可靠的方法，但通常性价比很差。

11. 计量漏失与其他漏失的处置方法

对于任何一个分区计量区域，在漏损评估时会得到漏损水量和漏失水量，如果这两个数值比较接近，说明该区域漏损主要是管网漏失引起的，可以通过漏水检测解决问题，如果漏损量远高于漏失量，说明该区域存在较大的计量漏失和其他漏失。这类问题处理方法如下。

（1）计量漏失处置的方法

① 串联装表法：通过在怀疑有问题的计量仪表附件串联安装一台同等级或高等级的仪表共同进行流量监测，评估问题仪表的计量误差。这种方法一般用于较大口径的计量仪表或大用户计量表。

② 修正系数法：通过单元门安装总表计量监测总分表计量误差，通过实测的总分表计量误差带入分析系统做计量修正，该方法一般适用于居民用户水表的计量误差处置。

③ 建立表务管理系统，按国家规定定期进行水表效验，保证监测仪表的计量精度，减少计量误差。

④ 在设备选型时考虑使用量和量程比，选择合适口径的监测计量仪表，总分表采用同等级计量精度，减少计量误差。

（2）其他漏失的处置方法

其他漏失指的是因水表抄收、无计量用水等原因导致的水量损失，对这部分的损失，往往通过以下管理手段处置。

① 加强计费水表的管理，建立用户水表档案，做到有用水有计量。

② 加强水表抄收管理，在保证抄见率的基础上，规范抄表时间和抄表周期，尽量保证每块表的抄收数据与抄表周期相符。

③ 定期调整抄表人员的抄收范围，减少人为因素造成的抄收损失。

④ 最佳的办法是：有条件的情况下，要有规划、有计划地更换为远传水表。

⑤ 加强用水稽查，对用水量与抄收数据不符的用户进行调查分析，解决因偷水而造成的损失。

⑥ 加强管理，杜绝由管理因素造成的漏失。

第四节　新型管理模式架构的调整策略

2017 年对我国 119 个供水企业开展的实施"分区计量系统"成效情况调研结果表明，有些水司虽然实施了 DMS，但是由于管理理念、管理架构调整不到位，或者没有调整，实施效果受到了影响或者严重影响。所以，我们必须研析管理理念的变革、管理结构的调整、运营管理流程的改进，解决分区计量系统配套管理的有关问题，并将管理架构调整到位，把 DMS 工作确实纳入日常业务中，切实把工作落到实处，方能收到良好的效果。

根据中国的现实情况。DMS 的引入，从直接做法和表面上看，是在供水管网上增加了常设的泄漏监控系统、爆管预警系统，是漏损控制、水损检测工作，但这是对分区计量系统价值的一个片面认识。分区计量管理和检漏队伍的日常检测工作实际上有着本质上的区别。分区计量管理的功效不仅仅在于有计划地定量控制漏损，保证持续、稳定地降低漏损，把漏损水平维持在国家要求的范围之内，更重要的是引入了一套适应社会经济机制的新的管理理念、管理方法、管理模式及其相应的运营管理流程。

分区计量漏损控制管理工作是一项系统工程、是一把手工程。它不仅仅是控制供水企业漏损的一种技术方法，它更是一种管理模式，是一种运营管理手段。它站在全局管理的高度，应用物联网技术和监测仪表，在管网上建立起一个常态的、主动的、实时的监控管理系统，实现了对管网动态信息，包括流量、压力、噪声等数据的实时在线监测与管理。同时，实现了供水企业对管网设备运行情况的监控管理。分区计量系统为持续、稳定、长久保障安全供水提供了技术支撑和管理手段。

任何一项新技术的引入与应用，意味着相应管理理念的导入、传统观念的变革甚至是淘汰，管理技术的应用尤为如此。在引入 DMS 系统后，原有的、传统的管理架构也需要做出相应调整和改革。在这个过程中，需要有关领导、有关部门及专业人员思考如下几个主要问题。

一、对传统的组织结构须思考的五个理念

① 管理架构中是否遵循了一个原则：突出红线，有"加"有"减"，真正做到上下贯通，优化协同，大道至简。

② 传统的运营机制、管理机制是否适应当前数字水务、智慧水务的发展要求。

③ 传统的管理结构设置是否有利于把漏损真正控制到国家要求范围之内。

④ 原管理结构设置中是否充分注意到了管理协调的时间效率，特别是容易造成"扯皮"的环节对管理效率的影响。

⑤ 是否注意到实施分区计量管理工作的建设与维护、供水管网分区计量漏损监控运营管理系统的运营与维护、各有关部门考核系统的有效执行、与行政部门的有机整合。

二、管理结构改革中的几点注意事项

在决定建设分区计量系统后，就可以开始着手管理架构改革。在这个过程中必须把职责划分清楚，比如制定系统分析工程师的岗位布局及其岗位职责。

要注意在调整供水区域管理所或者供水营业所时，供水区域管理所的数量要以一级分区 DMZ 数量为建制基础。也就是说要改变原来行政理念建制基础，现在要以管网分区区域为基础，划分供水区域管理所。关于建制数量二者可以一样，或者减少，两个或者几个 DMZ 为一个供水区域管理所也可以。主要以对管理方便、合理为原则。制定区域供水管理所的责、权、利时要有数据依据。

建立或者强化信息管理与应用部门的工作，尤其要注意总公司信息系统、数据结构等的顶层设计，保证全局、上下应用数据的一致性。

统筹考虑漏控执行部门，尤其是检漏队伍、维修部门、营收部门的工作效率和效益。同时强化稽查、表务管理，抄收管理，尽最大努力实现计量无误差。

新部门设置后，需要注意处理好有关问题，特别是理顺上下、左右的关系，以顺畅、合理、科学、提高时间效率为原则。

三、关于管理基础理念的变革

引入分区计量系统理念和做好实施规划的同时，供水企业从业人员的思维需要及时调整，基础理念需要更新，这是调整组织架，获得分区计量系统建设成效的基础。需要思考的相关问题如下。

① 在管理机制上和运营管理方面是否摆脱了传统的定性管理、实现了以数据为依据导向的运营管理和服务层面。

② 是否以分区计量系统实施的目的为准则，以数据为依据有机协调、管理管网管理、计量管理、营收管理三部门，且把各自的经济责任目标直接与管理者的责、权、利和漏失水量控制结合起来。

③ 实施了分区计量系统以后，是否充分发挥了漏损控制系统分析工程师的作用和功能，并赋予责、权，结合效益予以相应绩效鼓励。

④ 在管理的手段和方法上，是否建立了以数据为依据的绩效考核体系，是否在考核中不断总结经验，完善新的管理机制和体系，包括在漏损量和漏损控制的管理上是否实现了系统的、以数据为依据的定量管理而不是定性管理。

最后强调的是，所有管理者要积极调整管理理念，在管理结构调整和改革中充分重视协调工作的时间效率，因为它直接影响漏损量、漏失量及责任归属，直接影响供水企业的管理水平与经济效益。这点往往是我国供水企业普遍的思维短板，必须引起足够的重视，必要时可采取扁平式管理结构。

四、管理结构的调整

很多工作人员，包括管理岗位的管理人员，对管理、管理结构、管理理念看似比较熟悉，但实际上没有深刻理解和体会管理结构、管理理念会直接影响到我们的生活、工作、生存与发展，对他们来说，管理只是一个说法或者一个词而已。基于各供水企业的规模大小、地域不同，便于研究起见，下面给出一个示意图。图 5-4-1 所示为供水企业组织架构现状。

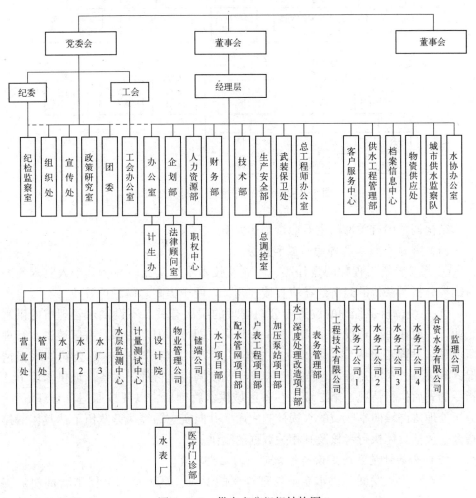

图 5-4-1　供水企业组织结构图

　　对于分区计量系统实施后的组织架构调整，见图5-4-2，下列的介绍只讨论业务部分。

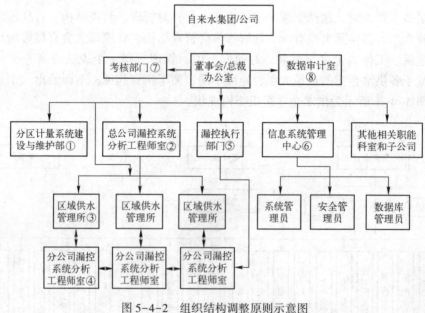

图 5-4-2　组织结构调整原则示意图

　　结构调整中有关部门主要职责阐述如下。

　　（1）系统分析工程师的位置和任务

　　① 系统分析工程师的责任心、专业及技术水平应比较高，其个人收入与他所漏控分析所获得的经济效益应直接挂钩，以便于提高总体漏控效益。

　　② 系统分析工程师的设置与公司管理的层次有关。不设供水管理所的供水企业，一般在总公司设置系统分析工程师岗位即可。但是如果设有区域供水管理所，那么设置两级为宜。一级设在总公司，以掌控各分公司、总公司的水损情况，解决总公司的达标率，同时也有利于调度漏控执行部门对各区域供水所下达指令的先后执行情况。第二级设在各区域供水管理所，以便按照运营管理流程，分析处理协调导向本区域的水损控制次序，并向实施漏控执行队伍下达具体漏控指令，包括具体执行考核及其相关数据的提供。

　　（2）分区计量系统建设与维护部门的主要职责

　　随着时代的发展，供水企业管理理念的变革，毫无疑问会促进新部门的建设，同时取消一些不适应时代发展的部门，分区计量系统建设与维护部门就是一个有力的说明，过去没有这个部门的建制，这是一个新型的管理部门。

建设与维护部门的责任很明确，就是负责供水企业的分区计量系统的建设、实施、系统硬件维护，以保证分区计量系统在整个实施过程乃至日常运营中的正常工作，把漏损控制，效益管理、安全供水达到最佳状态。

（3）区域供水管理所建制数量的原则与责、权、利

前面已经有所论述，可以把一级DMZ的数量作为区域供水管理所数量，或以供水量为主体，一个或几个一级DMZ合并或单独DMZ建制。一般情况下不建议将管网长度作为供水管理所的建制原则，因为我们的指导思路是持续、稳定地保障供水收益率的不断提高和漏损控制的良好水平，管网长度和供水收益率未必一定匹配。

区域供水管理所在漏控中的责、权、利是：全权管理区域内管网的安全供水、售水经营、计量管理等，严格控制管网漏失、无计量用水等一切与漏损有关的事宜；按照运营管理流程下达漏损，执行公司具体指令，查漏、维修阀门、水表检查、杜绝非法用水等；不断提高供水收益率，降低漏损率，并接受绩效考核；根据本所运营情况为总公司提出本所每季度和下一年的漏损率、漏失率的控制目标及收益的提高指标；供水区域管理所的收入与该所控制水损及其所获得的经济效益直接挂钩。

（4）信息系统管理中心工作任务与职责的调整

随着时代的发展和社会的进步，特别是网络时代的全面覆盖，数据已经成为各类行业管理的基础。就国家层面而言，大数据管理亦彰显出了巨大威力。比如2020年的新冠肺炎疫情灾难，如果不是依靠网络技术，党中央和政府的指令下达不可能如此神速，全国有关部门的执行力不可能如此强大，乃至整个世界都为之感到钦佩和震撼。正因为如此，今后国家毫无疑问会加大在信息、数据方面的管理力度，不断探索和挖掘数据应用的广泛性和真实性。

具体到供水行业，现在不少供水企业正在大力加强信息管理和智慧水务的建设，并取得了一定的成效。尽管我们在这个过程中还存在这样那样的问题，但其发展势头必然不会改变，而且还会不断增强和完善。因此，智慧水务信息中心的建设基础一定要抓紧、抓好。

DOMS系统的管理也要纳入信息系统管理中心，DOMS系统的维护与日常运营管理可以分开，但是其管理权限要定位准确，责权清晰。

（5）漏损控制部门建制与职责

为了合理、高效地工作，在建制时凡有条件的供水企业应该把漏损控制部门作为单独一个部门设置，且和区域供水管理所是平级，但任务和职责不同。

这个部门的职责包括漏水检测、维修、漏水阀门处理，关于计量误差的问题要和相关部门协调处理好。

把维修和漏损检测队伍合为一体，其任务就是接受与执行来自总公司或区域

供水管理所查处与漏损有关的事宜。这个部门的收入来自杜绝这些漏损的收入，他们的考核指标以公司或者区域供水管理所提出的漏损数据为依据，如果达不到提出的要求，则扣除其相应的收入，所以这就必须要求漏损执行部门不断提高技术水平、执行力度、执行时间效率及处理好情面事宜。时间计算可以从接到通知起计算直至维修，要客观遵循一个允许最短时间。

该部门要应用 GIS 系统，把维修的情况作好相应电子记录，应用 DOMS 系统的 App 功能，直接和 GIS 系统互动，把维修点相关数据包括 GIS 信息系统有关数据的修改输入到 GIS 系统，一方面始终保持 GIS 信息系统和实际一致，另一方面以备在合适的时候，可以根据 GIS 系统数据提出管网改造的规划或计划。

(6) 部门之间需要注意处理好的几个问题

分区计量系统的实施与智慧水务平台的建设关系紧密，尤其是水务平台中的几个子系统。比如分区计量系统的 DOMS 系统，由于监测定位的需要，有必要把 GIS 与 DOMS 系统整合，这样有利于漏控效率的提高和今后的管网改造，做到有数据依据，科学选择改造的管段具有实用价值。因此，在今后应用分区计量系统时对维修部门要提出更高的要求，在维修后要用系统配备的 App，把维修漏点位置、阀门和已经更换水表的信息输入 GIS 系统中去，便于今后应用。

关于爆管预警系统或压力管理的应用。压力管理的实施机构应与分区计量系统的实施机构一致。爆管预警本身的设备管理在分区计量建设和维护部门，但是对它所反馈的问题进行分析和处理由系统分析工程师负责，这点也应该是系统工程师的任务之一。但是否要这么做，应由总公司和分区计量系统的设计部门统筹决策。

强化 SCADA 系统接入能力。在原有 SCADA 的传统功能基础上，实现与 GIS 分析与展示功能的融合。在分区计量系统建设后，要把主干管或重点保障点的漏损预警、爆管预警和 SCADA 系统（含 GIS 的分析和展示功能）与常规的供水调度监控整合为一个整体，可以按不同的监控和管理角色，提供运控一体化的监控手段，以收到更好的效益。

水力模型的应用正在拓展，和其他系统一样，管理归于信息中心，但运营监控可以归于六个子系统平台的系统分析工程师。这样便于管理、统筹执行和考核，且并不影响有关 App 端的应用。对于大的供水企业来说，可以实现二级管理部门应用，但是小的供水企业，只有一层管理，那么就不需要再分级管理。在未来管网改造或者漏损控制的时候，除了应用动态的 GIS 运行结果以外，压力参数还分别来源于 SCADA、PMS（pressure management system，压力管理系统）、DOMS、HD（hydraulic model，水力模型）、抄表系统等。为了实现压力参数的一致性，除了上述压力参数以外，可把水力模型的计算结果作为重要的参考数值。

但是当在数据上出现大的矛盾时，可以以 SCADA 系统压力数据或 DOMS（分区计量运营管理系统）为基准，结合水力模型，利用华罗庚 0.618 法处理得出结果并实际用来处理相关问题。

营收抄表系统在分区计量系统中的重要应用要处理好。到目前为止，抄表系统在相当部分供水企业主要以手工输入抄表数据为主，这就带来了一个严重的问题，数据的真实性得不到保障。因此也造成了部门之间在处理真实漏损时产生不必要的矛盾，更为严重的是，会影响总公司漏损率的达标问题。这个矛盾的处理方法是将抄表系统管理和表务系统处理严格分开，抄表系统本身的运营管理和应用端要分开。而漏损结果的处理归于系统分析工程师，考核主要由分区计量系统的主管领导来负责。还有一点要提及的是在可能的、经济允许的前提下，尽可能地减少人工抄表的比率，直至全部用自动抄表代替人工抄表系统。

随着智慧水务平台的建设，对将来用于分区计量系统的数据的一致性要求会越来越高。到目前止，客观讲，由于各个供水企业应用的软件系统比较混杂，且数据结构差距比较大，目前使用的一些平台已经过时，有些平台缺陷也容易成为提升数据一致性的瓶颈。当然，必须客观地认识到这是一个过程，希望这个过程越短越好。现在面对的是由于数据处理与其在实践中的分析应用而引发的部门之间的扯皮问题。上面有几点都谈到了这个问题，需要认真研析与解决，提高工作效率，减少摩擦。

对于组织架构的建设与管理，应该在建设和调整过程中不断总结经验教训、不断完善、不断提高。特别是要充分注意因部门的调整和改变，实际上就对管理人员，尤其是高层管理者的管理技术、管理能力、管理水平及创新思维提出了更高的要求。还有一点需要提及的是，随着数据技术的发展，供水企业相当部分的管理工作可以用数据说话，极大地减少了人为因素。对于这一点我们务必提前从思维、理念、行为认知上深刻认识，以减少我们自身和企业未来的损失。

第五节　新型管理模式下漏损控制绩效考核系统

在建立和应用分区计量系统后，面临一个实际而重要的问题，就是前面已经讲过的 DOMS 系统的运营管理。我们发现，真正实现分区计量系统的降损和漏损管理目标，不能停留在系统建设本身，更重要的是对智慧化的 DMOS 系统日常运营管理。为了能够真正把降损落到实处，我们必须配套管理，建立和执行相应的考核系统。

一、落实实施绩效考核的组织架构

通常而言，我国的漏损率普遍高于国家要求的目标。正是由于这个原因，国家有关部委及供水行业都在抓紧漏损控制的落实。随着分区计量系统的展开和深度落实，供水单位为此而扯皮的现象也不断发生。据我们了解，不少单位在监控到漏损数据比较高而没有达标时，很重视分析漏损造成的原因，试图找到问题的症结并解决，从而实现降损和管理目标。而实现这个目标的手段是在有关部门职责清晰的基础上，严格实施考核。而实现真正的考核，首先要解决"扯皮"问题。下面的考核系统主要着重两部分内容：一是如何理清部门之间的职责，提高工作效率，减少扯皮；二是漏控考核系统的思路和简便做法。

1. 部门之间可能出现的漏损责任矛盾

经过这些年分区计量系统的应用，在分区计量系统管理中最容易出现的问题并不在于漏损本身，而在于发现的漏损责任到底归属哪个部门，应该谁去承担这个管理责任，应该由谁去解决这个问题。为此互相扯皮的主要有营业收费、管网维护、计量管理、表务管理等几个部门。这些部门的矛盾不仅仅是单方面的，有时还是交叉性的。在全面实施分区计量系统以后，这样的问题必须要解决。解决该问题的依据在于职责清晰、全面真实的数据与敢于面对问题的担当及责任心。

2. 避免或者减少扯皮的解决办法

为减少和避免扯皮，在调整和组建部门时可以把"表务管理"的部分职责设置到"分区计量建设和维护"部门；又如表务的计量（误差）、管网管理、营收管理（抄表损失）、稽查、信息系统应用等，各自独立，又相互配合，在分区计量管理中各自承担自己的责任并解决相应的问题。出现矛盾不能协调解决时，由系统分析工程师（这里需要提及的是系统分析工程师受双重领导）以数据为依据，直接向上级汇报。由总公司高层主管领导处理，而不是平级之间处理，这样会减少扯皮，提高工作效率，原则上公平合理。

3. 总公司层面设定漏控考核主管领导

上面充分讨论了建设分区计量系统的组织架构。尽管部门调整会有个过程，但是不容拖延。为了确实能使漏控效果落实到位，减少部门之间的扯皮，在上面调整机构的基础上，建议由供水总公司层面，设定一位领导主管负责系统的实施，而不是由平级部门负责。这样，有利于更好发挥分区计量系统的效果，使执行力度更强、奖罚考核更容易落实到位。

二、考核系统

对于考核，包括考核方法和考核指标，每个供水企业都有自己的做法，但是最基本的内容应该是一致的。所以，本书只探讨考核基础、考核思路、考核方法。

1. 考核中的八个基础数据

分区计量系统实施后的考核指标主要由供水量、售水量、漏损水量、漏失量、实际销售收入、供水收益指数、漏损指数和漏失指数八个数据组成。

这八个数据涉及五个量和三个派生数据。这五个量与计量、抄表、水费回收、无计量用水、偷盗用水、人情水、管网漏失、其他漏损，以及管网附件或设施的维修管理等均有关，这些数据实际上反映的是一个综合管理情况。新的管理组织架构的设置正好是针对这些问题而做的调整。

地市级以上规模的供水企业通常涉及两级管理，应建立、调整和强化以下部门工作：一是总公司和区域供水管理所各自设置系统分析工程师岗位；二是总公司设置分区计量建设和维护部门；三是设置以管网分区为基础的区域供水管理公司；四是营收业务部门（包括抄表系统）；五是检漏与维修部门，亦即漏控执行部门；六是强化计量误差的解决问题，还有其他漏失控制；七是完善和强化信息中心及其智慧水务的建设与整合；八是考核部门。

以上部门及其工作均以数据为依据，互相合作，统筹分析，综合解决漏损问题。

2. 三率加权计算方法

可根据《评定标准》制定的水量平衡表中的数据考核总公司或者区域供水管理所，涉及的数据及其组分都很直观。

《评定标准》对供水总量、售水量（以注册用户用水量为依据）、漏损水量（包括漏失水量、计量损失水量及其他损失水量）进行了规定，其中漏失水量不得超过漏损水量的70%。很明显，保障安全供水、稳步提高经济效益是供水企业的主要任务，所以经济效益是其考核的核心指标。

在计算中，三率通常使用的是供水收益指数、漏损控制指数和漏失控制指数。具体计算方法如下（以区域供水管理所为例）。

（1）区域供水管理所绩效计算公式

区域供水管理所绩效 BP＝供水收益指数×权重系数1＋漏损控制指数×权重系数2＋漏失控制指数×权重系数3

其中，权重系数由各总公司或集团公司自行设定。这里假定权重系数1，2，3分别为0.65(65%)，0.20(20%)，0.15(15%)。

（2）几个指数的释义和计算

① 供水收益指数＝［供水收益率/平均水价（元/t）］×100%

其中：

供水收益率（元/t）＝年销售收入/年供水总量。实际上等于（1-漏损率）

×平均水价

② 漏损控制指数＝（实施前漏损控制率-实施后漏损控制率）/

（实施前漏损控制率-漏损控制目标率）×100%

其中：

实施前漏损控制率＝（实施前漏损量/供水总量）×100%

实施后漏损控制率＝（实施后漏损量/供水总量）×100%

漏损量＝供水总量-售水总量-免费用水量

③ 漏失控制指数＝（实施前漏失控制率-实施后漏失控制率）/

（实施前漏失控制率-漏失控制目标率）×100%

其中：

实施前漏失控制率＝（实施前漏失量/供水总量）×100%

实施后漏失控制率＝（实施后漏失量/供水总量）×100%

漏失量＝夜间最小流量-夜间正常使用量-背景漏失量

三、考核体系中应该注意的问题

我国供水企业多年来的考核依据基本是定性为主，那么在实施分区计量系统后毫无疑问应以数据为依据。公司、部门、个人的业绩如何，是数据说了算。所以，在未来的考核系统中需要强调以下几点。

① 考核系统必须以 DOMS 等有关系统及智慧水务平台运行得出的数据为依据，且是保证数据一致性为前提的数据。

② 实际上要真正做到用数据说话确实也不易。所以，一定要从总公司层面开始，自上而下克服"人情""面子"意识，为考核系统打下坚实的理念基础与技术基础。

③ 供水企业内部执行考核系统的过程，实际上也是在客观上准备接受上级单位、政府、机关将来用数据对供水单位进行考核的过程。所以，要从心态、理念、技术上做好考核系统的准备与实施。

以上对管理架构、相应机制、运营流程的改变与执行流程及其相关问题的解决做了详细的论述，但是实现理论与实践的结合，产生切实的效果，才是我们的目的。这是一个不断总结和完善的过程。

需要特别再强调的是：分区计量系统本身是系统工程，实际上也是一把手工程。一把手的理念、做法直接影响一个企业发展的进程，当然也和高层团队的跟进及各下属部门的执行力密切相关，管理架构和机制的调整并不等于执行力的强化，而是奠定了优化管理的基础。关于执行力的强化这里不再讨论，但是一定要从根本上对执行力的重要性引起足够的重视。

第六节　分区计量系统应用案例

一、应用案例分析

从 2009 年以来北京埃德尔公司一直坚持利用会议等形式推广分区计量系统的应用。尤其是在承担了国家"十二五"有关课题、"十三五"课题中的子任务以来，在国家有关部门和供水企业的大力支持下，公司在总结多年研发检漏技术经验的基础上，研制出了全系列漏损控制技术产品，可以和国际上这个领域的同行们并行前行，为我国全面应用自主研发的漏损控制产品奠定了基础。埃德尔公司自主研发的检漏技术产品从 2014 年以来，出口到近三十个国家和地区，突破了我国在这个领域零出口的纪录。同时，埃德尔公司出版了《分区定量管理理论与实践》，为我国全面大力推广应用分区计量系统技术和方法奠定了扎实的基础。下面从不同的角度解析应用分区计量系统实施漏损控制的三个案例。

1. 南昌水业集团实施分区计量系统漏控效果良好

南昌水业集团从 2012 年初与埃德尔公司合作实施分区计量系统，一开始做了三个 DMA 示范区，应用 wDMA 分区计量漏损监控系统进行运营管理，取得了良好的效果，半年之内取得 520 万元的降损效益。

2014 年南昌水业集团自行加大了应用分区计量系统工作的步伐。2015 年完成了 20 台插入式流量监测仪、100 余台管道式流量监测仪、100 余台远传水表的安装工作，共成功建立 12 个一级分区与 100 余个三级小区。按照运营管理流程，节约水量 664 t/h。

在总结前期经验的基础上，南昌水司在组织架构上做了相应的调整。设立了分区计量系统建设维护部门，建立了考核制度，并把总公司的系统分析工程师工作纳入客服中心。各个基层营业处也同步设立系统分析工程师，便于从上到下确实把降损落到实处，把分区计量系统推向一个新的高点。

2015 年 6 月以来，南昌水业集团管网信息科进行了 10 个重点三级分区的 DMA 管理工作，主要针对塘南淦村、青山湖社区、卫东花园三期等 10 个漏损率较高的分区。DMS 管理包括：表务管理、区域封闭性试验、管网漏失探测、偷盗水稽查。

（1）具体工作部署如下：

① 分区方案设计，并落实分区的封闭性，确保分区流量监测仪可完全监测

到所有分区；

② 依据夜间最小流量的大小依次对分区排查管网设施；

③ 对存在偷盗水嫌疑用户进行查处；

④ 加强表务系统排查力度，及时关闭或更换问题表；

⑤ 落实漏损的真实性。

（2）取得的工作成效：归纳起来，除了上面已经提到过的降损成效以外，还查处偷盗水一户；在表务管理方面，关闭搬迁户的楼道管总表进水阀门，节约水量为60 t/h，按一年来算收益是89万元，在一百个片区开展 DMA 管理工作，收益达千万元。

（3）继续降损效果明显：由于公司领导及相关领导很重视分区计量系统的开展和应用，组织架构也做出了相应的调整，且不断总结经验教训。所以，工作效率和成效较前又有了较大提升，降损效果凸显。

① 卫东花园三期降低产销差情况：2015年5月前产销差在48%左右，经过 DMA 小组与相关单位合作，通过维修暗漏、清理表务、抄表到位等工作，到7月份卫东花园三期产销差降低到了24.07%。具体见表5-6-1。

表5-6-1   产销差率下降表

抄表时间段	户表数量	供水量（监控水量）	抄收水量	产销差量
5月4—14日；7月4—14日	2 645	90 860	68 986	21 874
夜间用水量/月	夜间正常用水量/月	漏失量/偷盗水	7月份产销差率	5月份前产销差率
20 520	5 745	14 775/7 099	24.07%	48%

② 望城片区爆管快速反馈：DMA 小组工作人员通过 DMA 远程监控系统分析到望城片区的夜间流量高达535 t/h。即刻通知测漏中心，测漏中心与维护中心前往此处排查，当夜凌晨在创业南路 DN400 的球墨管和 PE 管连接处发现漏点并修复，后夜间流量由535 t 下降至310 t，按225 t/h 来算一天可节约5 400 t，一个月可节约16万 t。见图5-6-1及图5-6-2。

2. 某水司分区计量系统实施效果

该水司日供水量8万 m³，整体产销差在20%左右，其中老城区（运河与岔河间）的供水量为5万 m³，但老城区漏损相对比较高。为了有效降低老城区的漏损，该水司于2012年底与埃德尔公司合作应用分区计量系统，有效控制漏损。于2013年1月制定了降差目标，实施了分区计量系统，并应用了多功能漏损监测仪与 DOMS 系统。

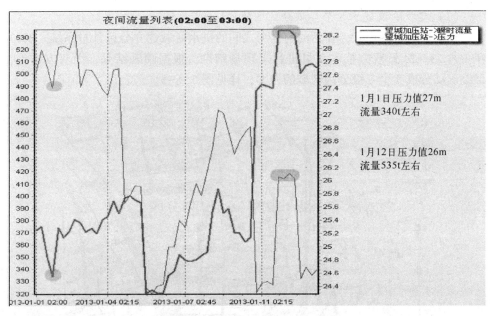

图 5-6-1　漏点修复前流量压力曲线

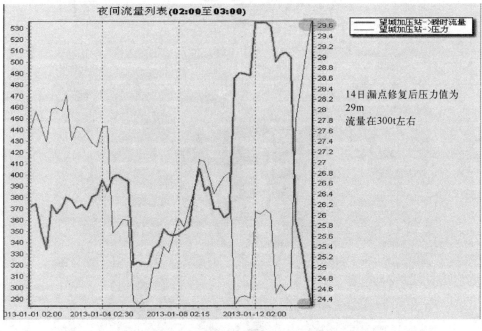

图 5-6-2　漏点修复后流量压力曲线

（1）起步阶段建立5个二级分区区域

根据供水管网现状，在运河与岔河之间的供水区域建立分区计量系统。2013年1月23—24日双方技术人员进行了现场踏勘，根据踏勘结果，经双方讨论，最终确认分成5个二级分区区域的方案，详见图5-6-3。

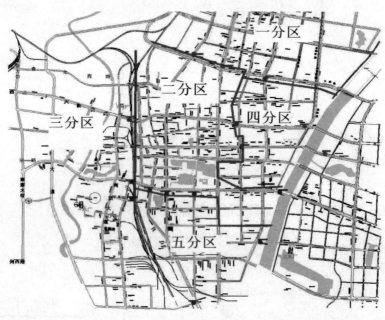

图5-6-3　管网DMA分区图

① 总共设立 17 个监测点。经过一段时间的运营管理，漏损监控效果明显。比如，6 月 25 日某管线流量监测仪最小流量突增到 422 m³/h，6 月 26—27 日，该分区日供水量达到 1.9 万 m³/d，经检漏人员检测，定位漏点，并修复 DN400 管线漏点后，该点最小流量降为 19.5 m³/h。

② 2014 年 1—7 月各分区产销差控制情况，如图 5-6-4 所示，整个区域的产销差从 23.64% 降低至 14.01%。

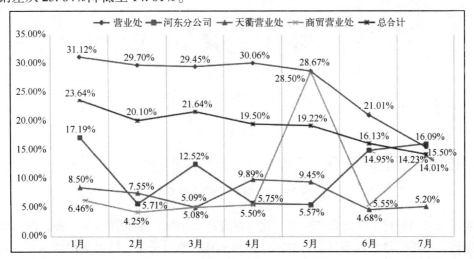

图 5-6-4　产销差率变化

(2) 第二期分区方案及运营效果

在一期分区计量系统基础上，根据 2015 年 6 月 30 日《水司 DMA 运营状况总结及二期合作相关事宜洽谈会会议纪要》，该水司为了进一步分析铁西、市中、市东、市南分区漏损率高的原因，需要缩小监控范围。双方确定在原有分区的基础上，细化了 11 个三级分区，新增 12 个监测点，市中一区、二区、三区，市东一区、二区、三区分区情况如图 5-6-5 所示。

从上面可以看出，经过细分，实现了逐级计量，并在分区节点全部安装远传设备，实时记录数据。同时，对 DMA 分区表后用户统计，及时更换发现的黑表、坏表，减少计量误差。对于一些已经废弃不用的管道漏水，不是采取简单的维修，而是在分支处予以截断，以免留下后患。

对 DMA 分区内大用户更换进口远传水表强化维修管理，提高维修的时效性，在 DMA 分区内修漏过程中，加强管道明漏巡视，特别注意边缘区域、拆迁工地和市政施工工地，有必要对管线巡视人员进行简单的检漏培训，并配置听漏棒。对于维修过的地方应定期复查，防止发生二次泄漏。

为了更快、更好地把实施分区计量系统降低漏损的效益体现出来，该水司与

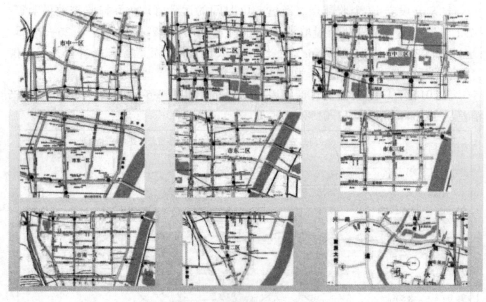

图 5-6-5　管网 DMA 分区图

埃德尔公司进行了深度合作。双方建立联合领导小组，探索开展了一种新的运营模式，即埃德尔公司不仅提供监测设备和 wDMA 软件系统，同时协助该水司进行 DMA 的运营管理，培训指导该水司的系统分析工程师。埃德尔公司的系统分析工程师通过 wDMA 软件对该水司管网漏损进行监测分析，并即时对该水司检漏队伍的漏点检测进行实时指导。系统分析工程师除了应用专业的系统分析软件进行数据分析、远程指导检漏工作外，对漏损较大而检漏效果又不好的 DMA，采取定期或不定期的现场检查、分析原因，制定有效可行的解决措施以达到降损的目的。最终，该水司计量分区的产销差率降到了 12%。

3. 某水司应用分区计量系统漏损控制成效

该水司为了落实小区漏损专项整治工作，于 2014 年 3 月 11 日与埃德尔公司技术人员对部分漏损高的小区进行了现场踏勘，并根据踏勘情况初步确定了两个小区作为小区漏损专项整治的示范区。希望通过示范区的成功实施，确定该水司小区漏损专项整治工作的样板模式，使其具有可操作性和可复制性，从而高效地完成该水司分区计量系统漏损专项整治工作。

根据安装考核表对小区 2014 年 1—2 月漏损统计结果，本着快速实施、快速见效、先易后难的原则，示范小区选取条件为小区规划完整、一路管道供水、抄表条件良好、用户数量在 1 000 户左右、漏损水量在 1 万吨/月以上。依据上述条件，最终确定颐园北村和绿苑山庄作为水司小区漏损专项整治工作示范区，并立刻开展工作，降损效果显著，具体数据见图 5-6-6、图 5-6-7 和图 5-6-8。

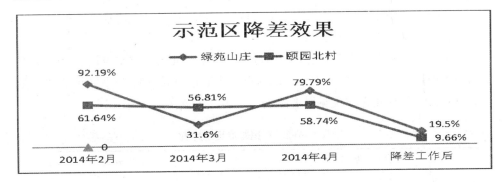

图 5-6-6　漏损率变化

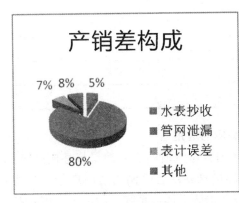

图 5-6-7　绿苑山庄漏损构成

图 5-6-8　颐园北村漏损构成

（1）实施分区计量系统降差工作需采取的具体措施

① 专门成立由公司领导和管网、营业、计量、调度等部门一把手参加的小区漏损控制管理领导小组，全程跟踪指导小区的降差工作，为小区降损工作提供必要的部门协调、人员配合。

② 在实施小区降损工作开始前，先将小区考核表换装成远传水表或多功能漏损监测仪及安装压力监测仪表，并提供小区用户管道长度、用户数量、管道连接点数量等数据，便于应用 wDMA 管理软件，进行数据采集与分析。

③ 小区抄表前，由领导小组指令，营业抄收部门将待查小区内所有用户水表最近一次抄表记录整理好交给项目部，指定专人陪同项目部人员抄表。除记录水表当前水量外，还对抄表顺序、抄表时间、水表使用年限做好记录，发现水表滴水等窃水现象在做好备注。对户内表无法入户的，查询以往抄表记录，检查是否存在长期无法抄表、估表现象，如长期无法抄表，采取暂时停水措施，以保障后续计量分析数据的准确性。每次抄表时间统一为 9—17 点，每次完成抄表时间为一天，为保证抄表速度，分成 3 组同时抄表。

④ 每小区随机抽取 10 块用户表进行校核，从小流量至大流量逐级校核。

（2）示范区产销差整治结果

在示范的基础上，把分区数量增加到了 30 个。30 个 DMA 应用分区计量系统漏损治理结果见表 5-6-2。经过应用分区计量系统后，30 个小区年节约水量 140 万 m³。具体产销差情况见以下图表。

表 5-6-2　产销差治理统计表

产销差原因	小区数量
单纯泄漏	21
非法用水	1
用户统计错误	5
泄漏与非法用水	1
泄漏、非法用水、用户统计错误	1
包费制引起的浪费用水	1

4. 分区计量在某自来水分公司漏损控制中的应用

某自来水集团东部分公司已形成了辖区内各管线所的独立计量与考核区域；另在管线所独立计量区域内，根据管网基础信息并结合管网周边用户分布等情况，将部分独立小区总表更换为超声波水表并加装了远传系统，通过小区夜间最小流量等方法实施分区计量，并取得了一定成效。

例如，2017 年对西流亭小区实施夜间最小流量法进行分区计量过程中发现，该小区（无夜间营业性质的网点等用户）夜间最小流量达到了 10 m³/h。

于是分公司立即结合小区总表最小流量，通过供水阀门逐段控制，结合人工检漏，共找到 3 处漏水点，合计漏水量 8 m³/h。降损效果详见图 5-6-9。

为进一步探索分区计量在较大供水范围漏损控制中的作用，在集团的支持与指导下，2018 年 9 月 19 日分公司完成了株洲路 DN300 管供水区域分区计量工程施工。

该区域供水管网范围为海尔路以东，株洲路以北，青银高速以西，科苑纬四路以南，由株洲路 DN300 管供给，供水系统为独立计量区域，区域内管网敷设于 20 世纪 90 年代前后，用户全部为工厂、企业，共 29 户；区域内管线为崂山区投资敷设，分公司对区域内管线质量等情况不清，怀疑漏损较大且为枝状管网，投资较少、易实施。

通过在株洲路科苑经一路口增设一只 DN300 电磁流量监测仪，同时为节省投资利用区域内现有的石垣食品厂内水压在线记录仪，对区域流量、压力进行实

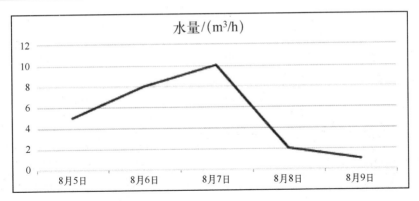

图 5-6-9 夜间最小流量变化曲线

时监控。

为减少抄表人员工作量、新设 DN300 流量监测仪与分表用户的数据误差，采取每月对流量监测仪、分表用户水量进行统计分析。

9 月 20 日—10 月 20 日，通过对新设流量监测仪与区域内用户计量水表间水量对比（总供水量为 14.76 万 m³，总销水量为 12.8 万 m³），该区域漏损率为 13.3%。

为加强漏失水量查找，漏损控制小组于 10 月 21—24 日，通过安装渗漏预警（检漏人员采取相关仪、听音杆等对异常点进行复检，发现 2 处漏水点，合计漏水水量约 10 m³/h）等措施，见图 5-6-10，挽回了部分水量损失。

图 5-6-10 漏控实施措施

在 10 月 20 日—11 月 20 日再次对该区域进行了一次水量统计（总供水量为 14.3 万 m³，总销水量为 13.1 万 m³），其漏损率为 8.6%。

实践证明，应用分区计量系统能够在短时间内，缩小供水管网漏损区域，使漏损控制人员工作更有目的性、针对性，同时减少漏损控制工作量，因此，分区计量是供水企业在管网漏控管理方面行之有效的一种重要做法。

二、实施分区计量系统注意事项

从以往 DMS 的实践案例可以得出一个结论：分区计量系统不仅是一套有效的漏损控制方法，同时，也是一套有效的管理模式。但是，正如前面的调研提到的，DMS 效果并不理想。受访者中，31% 认为效果不错；有 25% 明确认为效果不好，造成了新的浪费；剩余的 44% 说法不一，有的说法效果不明确，有的说正在实施。为此，在调研和总结 DMS 实践的基础上，提出以下几个观点，供供水企业在建设分区计量系统中参考。

1. 分区计量系统实施中有关技术问题

① 分区方案设计时除了依据设计图纸进行以外，一定要进行实地踏勘，排除管网不明、数据不一致造成的分区不实问题；

② 区域封闭性零压力测试是否进行是分区能否成功的关键点之一，不能省略所分区域内做零压力测试这个步骤；

③ 各分区区域内所辖用户归属要清晰，基础数据要做到实时、准确；

④ 预留与各子系统的数据接口，做到数据共享，保持数据的一致性；

⑤ 在系统中应用的监测仪器，不单单是用于采集数据，更重要的是要运用数学模型对这些数据进行处理、分析，得出对控制漏损有用的结果和信息，而不仅仅是"看图说话"，人工计算漏损率，这样不科学。

2. 分区计量系统实施中管理层面需要解决和注意的问题

① 分区计量系统是系统工程、"一把手"工程，是漏损控制的有效方法，也是实现供水企业新型管理模式的基础。

② 要配备相应的分区计量漏损监控运营管理软件，系统分析工程师坚持做好对其日常运营管理的监管工作，随时根据软件的分析结果，指派相关人员及时处理系统报出的有关问题，否则分区计量系统实施效果会受到影响。

③ 公司在合适的时候要把原来分区计量实施初步走时的漏损控制领导小组工作内容调整到组织框架分区计量建设与维护部门中去。根据分区计量系统的要求增减有关部门，以便持久、稳定地抓好漏损控制。漏损控制工作务必要作为公司业务内容，落实到公司例会中。

④ 要充分注意到分区计量系统实施应用过程中几乎和供水企业各部门都有关系，需要水司各个部门职责清晰、严格律己、共同携手才能取得令人满意的

效果。

　　随着智慧城市进程不断深入，智慧水务平台的深层次建设，特别是地理信息、生产调度、分区计量、营收抄表系统、水质监测、压力管理、计量管理、水力模型、应急通信指挥等系统的统一综合智能平台的应用，分区计量系统的效用在未来不再是单纯的漏损控制，而是基于分区区域的供水企业管理水平全面提升的一种新型管理模式。

　　因此，未来漏损控制的考核内容不再仅仅是查找多少漏点、漏损率多高这些简单的数据，而是包括民生服务水平、管网运营能力、营销状况、水厂调度、应急抢险、管道维护各个环节之间配合力度，以及整个公司系统运营维护管理效能等。同时，未来考核对象也会发生比较大的变化，不只是供水公司内部的考核，而是国家对各级政府、各个单位，包括供水企业的考核。所以，现在很有必要从整个供水总公司层面实施分区计量系统，尽快实现国家漏损控制目标，以便应对国家更高的要求。

第六章 供水管道漏水声特点与检漏方法及应用

随着社会与科学技术的发展，检测管网漏失的技术与方法也越来越多。为了便于供水企业应用相关技术，掌握通常使用的检漏技术，并在遇到特殊情况和特殊漏点时能根据实际情况选用合适的检测漏水技术与方法，本章对相关技术和方法专门进行介绍。

第一节 供水管网压力和埋设环境对泄漏检测的影响

一、供水管网压力对泄漏检测的影响

管道压力越大，漏水声越大，漏水声越大对检测也越有利，就越有利于漏水检测和漏点定位。但是如果压力过小（一般指小于 0.15 MPa），水流从漏口流出的声音太小，则不利于漏水检测工作的开展。

二、供水管网埋设环境对泄漏检测的影响

管道埋深与地面环境情况从不同角度影响着漏损控制。

1. 硬质路面对漏失控制影响

硬质路面包括水泥路面、沥青路面和人行道地砖路面。硬质路面传音效果好，对于埋深较浅的管道可使用听漏仪、听音杆进行漏点精确定位。但也正是由于硬质路面传音效果好，在泄漏量大的工况下，声音传播范围大、音量大，也会导致精确定位的难度加大。

2. 软质路面对漏失控制影响

软质路面主要指绿化带等软质土壤地面，由于土壤松软，结合力弱，会大量消耗声音传播能量，对声音传播阻力大。因此听漏仪在软质土壤泄漏定位的应用效果欠佳。

3. 阀栓和暴露管道对泄漏检测的用途

传统的查漏方法第一步是阀栓听音法与漏水迹象观察同时进行，但更重要的仍是阀栓听音法。使用听音杆或者听漏仪，将听音杆或听漏仪探头放置在暴露管道或阀栓上，仔细分辨管道上是否可以听见漏水声。漏水声在管道材料上传播是

有距离限制的，金属管道传声效果好，会远一些，通常情况下能传100 m左右，甚至更远；但是非金属材料传声效果差，有时甚至十几米的距离声音都传不过来。

　　暴露管道和阀栓的距离直接影响检测的效率，暴露点越密集，对检测越有利，检测效率也越高。因此，在暴露点间距过长的情况下不能通过阀栓听音判断这一段有没有泄漏，如果距离超过相关仪的使用范围，也不能用相关仪判断或定位漏水点，只能用听漏仪在地面听音的方式听完整个管段，可见这种管段会严重影响检测效率。

第二节　供水管道漏水声特性

　　供水管道担负的任务是将饮用水输送到用户，以满足人们最基本的生活需要。然而，供水管道会发生漏水情况，当发生漏水时，喷出管道的水与漏口边缘摩擦，以及与周围介质撞击或流动，就会产生不同频率、不同振幅的振动，由此产生漏水声波。漏水声沿管道、周围介质等进行传播，检漏人员就是根据监听这种具有一定频率的漏水声来发现并定位漏水点的。一般情况下，泄漏声音越大对检测越有利。

一、漏水声的产生

　　漏水声是在供水压力的作用下，水从漏点被挤压后喷射出来，在喷射的过程中，水与管道漏水口、管道埋层介质等进行摩擦而产生的泄漏噪声。漏水声的大小与供水压力、管道材质有关，一般金属管道漏水声大（如钢管、铸铁管等），非金属管道漏水声小（如PE管、水泥管等），见图6-2-1。

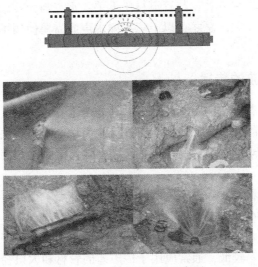

图6-2-1　漏水声产生示意图

二、漏水声波的种类

当供水管道发生泄漏时，在管道漏水口周围通常会发生下列三种不同类型的声波。

1. 漏口摩擦声

漏口摩擦声是指喷出管道的水与漏口边缘摩擦产生的漏水声波，其频率通常为 50~5 000 Hz，并沿管道呈指数规律衰减（$I=I_0 e^{-\alpha x}$，I 为距漏点 x 处声强，I_0 为漏点声强，α 为衰减系数）向远方传播，传播距离通常与水压、管材、管径、接口、漏口尺寸等有关，在一定范围内，可在阀门、消火栓、水表等暴露点听测到漏水声波。

2. 水头撞击声

水头撞击声是指喷出管道的水与周围介质撞击产生的漏水声波，这种撞击声以漏斗形式通过土壤向地面扩散，或以球面波向地面传播，可在地面用检漏仪听测到，其频率通常在 100~1 000 Hz 之间。

3. 水流与介质摩擦声

水流与介质摩擦声是指喷出管道的水带动漏水点周围粒子（如土粒、沙粒等）流动并相互碰撞摩擦而形成湍流时所产生的漏水声波，其频率较低，通常在地面听不到，只有把听音杆插到地下漏口附近时方可听测到。该漏水声波为漏点位置的最终确认提供了依据。

综上所述，漏口摩擦声，是管道漏水特有的声音，它具有传播距离远、衰减程度低、频率较稳定的特点，也是漏水检测中最主要的监听声音；水头撞击声，主要与压力和漏口方向有关，与管道材质无关；水流与介质摩擦声，主要与压力有关，与管道材质无关。总之，以上三种漏水声波需要使用不同方法、不同仪器设备来进行探测。

三、漏水声波的传播

当漏水声波沿着管道向两侧传播，这部分声音会传播到漏点附近的阀门、消火栓等暴露的管道附件，可以通过听音杆、噪声记录仪和相关仪等设备拾取声波加以分析来探测漏水的存在，使用相关仪和在线渗漏预警与漏点定位系统可对漏水点进行定位。

当漏水声波沿着土壤传播，这部分声音通过漏点附近介质会传到地面，通过听漏仪可以发现漏水并确定漏点位置。

当漏水声波在水中传播时，这部分声音可通过水听器（也称水浸传感器）进行拾取，声波频率较低，通常应用于传声差的管材和大口径管道，如非金属管道和大口径管道，通过水听器探测这种声音从而定位漏点的方式效果较好。

其他供水管道泄漏点位置预测方法，这里不做展开论述。

四、漏水声波的衰减特性

1. 漏水声波沿着管道传播

（1）衰减特性

① 漏水声波衰减率因管材不同而不同，并与距离成反比，衰减由大到小依次排列为：PVC管、PE管、水泥管、铸铁管、球墨铸铁管、钢管，在高频段尤为明显，见图6-2-2。

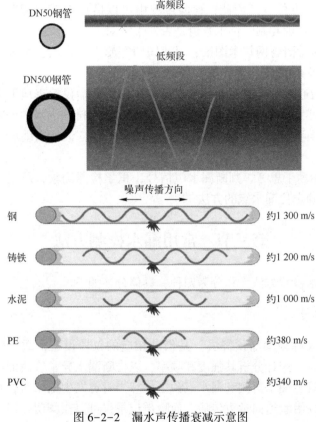

图6-2-2　漏水声传播衰减示意图

② 管径越大衰减率也越大；水压越高漏水噪声也高，传播距离越远。

③ 弯管与直管部分相比衰减差别不大，然而通过三通管或四通管之后衰减会变得显著。

（2）频率特性

① 铸铁管和钢管，声频集中在100~3 000 Hz。

② 塑料管，声频集中在0~500 Hz。

2. 漏水声波沿着管道周围介质传播

① 频率越高信号衰减越快，特别是大于 800 Hz 的漏水声波信号。

② 衰减率与埋设深度成正比。

③ 能传播到地面的漏水声波信号，其频率范围通常在 100~800 Hz 之间。

④ 20 Hz 以下次声波传播距离远，目前很难被传感器分辨。

五、漏水声波的检测

漏水声波的检测是采用不同方法和不同仪器进行的，应根据漏水声波的大小和频率确定漏水点位置。因此，检漏过程中可以借用中医"望""闻""问""切"的方法来发现和判断供水管道是否发生泄漏。

"望"是指看清管网技术图纸、寻找阀门等暴露出来的供水设施和周围下水井的流水情况及余氯采样情况进行分析判断。

"闻"是指通过听暴露在外的供水设施和使用听漏仪检查地下管道是否有异常声音，从而捕捉漏水声波信号，达到找出漏水点和排除漏水的可能性。

"问"是指问清管线是否有整改和变迁的可能性，询问当地居民水压是否发生变化。

"切"是指勤于思考、判断漏水声信号，积累检漏经验，总结出能快速发现漏水异常并准确定位漏水点的方法。

第三节　常用漏水检测方法

常用的漏水检测方法大致分为四种，具体分述如下。

一、噪声法

噪声法（又称为渗漏预警法）是借助相应的仪器设备，通过监测、记录供水管道漏水声波，统计分析其强度和频率，以推断漏水异常管段的方法，这种方法可用于供水管道漏水监测和漏水点预定位。当管道发生漏水时，在漏口处会产生漏水声波，并沿管道向远方传播，而噪声记录仪可以在阀门、消火栓、水表等供水管道附属构筑物上监测到该声波。

噪声记录仪（见图 6-3-1，图中所示噪声记录仪相关参数见表 6-3-1）正是根据噪声原理，基于对噪声的监测而发明的。它是一套由多个记录仪组成的整体化的声波接收系统。多台记录仪可布置在管网上的不同地点，如消火栓、阀门或暴露管道等。按预定时间（通常利用夜间 2:00—4:00 这个时间段，该时间段外界背景噪声最低且用户用水量最低）开关机，并统计记录管网的噪声信号，记录仪通过分析记录到的噪声强度、噪声频率等来判断是否有漏水声，并将这些信息储存在记录仪的存储器内，并可传输到接收机或通过互联网远传到服务器，使用户能及时发现管道是否存在泄漏，起到漏水监测和漏水点预定位作用，从而降低爆管概率和供水安全事故的发生。

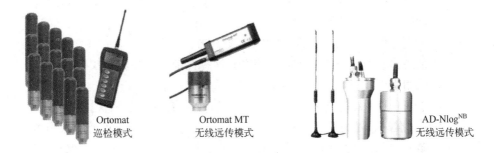

Ortomat 巡检模式　　　　Ortomat MT 无线远传模式　　　　AD-Nlog^{NB} 无线远传模式

图 6-3-1　噪声记录仪

表 6-3-1　渗漏预警 AD-Nlog^{NB} 技术参数

型　号		北京埃德尔 AD-Nlog^{NB}
噪声记录仪	安装方式	磁铁
	数据记录容量	60 组数据循环记录
	防护等级	IP68
	工作时间	标准模式下 5 年
	工作温度	$-25 \sim +55℃$
	外形尺寸	$\Phi40 \times 260\,mm$
数据记录仪	互联网接入方法	4G/NB-IOT
	安装方式	悬挂式
	防护等级	IP68
	工作时间	标准模式下 3 年
	工作温度	$-25 \sim +55℃$
	电源	内置锂电池
	外形尺寸	$172\,mm \times 80\,mm \times 58\,mm$

1. 噪声记录仪工作方式

噪声记录仪可采用巡检和远传两种模式工作。当用于长期性的漏水监测与预警时，噪声记录仪宜采用远传工作模式。当短期用于对供水管道进行漏水点预定位时，可采用巡检工作模式。具体采用哪种模式可根据供水企业的具体情况自行选择。

2. 噪声记录仪检验

噪声记录仪是一种非常灵敏的探测仪器,可以发现 10 dB 以上的漏水噪声。对噪声记录仪的性能要求是灵敏、稳定、防水,通过噪声强度和噪声频率等参数判断是否存在漏水。噪声记录仪的检验和校准应符合下列规定:

① 时钟应在探测前设置为同一时刻;

② 灵敏度应保持一致,允许偏差应小于 10%;

③ 当采用移动设置方式探测时,应在每次探测前进行检验和校准;

④ 当采用固定设置方式探测时,应定期检验和校准。

同步的时间、一致的灵敏度及正常的通信性能是噪声记录仪探测的基本条件,检验和校准时钟是为了保证所有噪声记录仪能够同步采集和记录噪声数据,检验和校准灵敏度是为了保证噪声数据的一致性和可比性。噪声记录仪有内置时钟,可以用主机进行无线设置,可对多个记录仪设置时钟、记录时间、访问时间等,记录仪每天按设置好的时间工作。当采用移动设置方式探测时,探测前记录仪应重新设置工作时间。当采用固定设置方式探测时,应定期检验和校准。

3. 噪声记录仪布设

噪声记录仪的布设位置应满足能够探测到检测区域内管道漏水产生噪声的要求。检测点周围尽量避免有持续的干扰噪声,如阀门自身漏水或距监测点 300 m 之内的泵房等。噪声记录仪的布设要考虑管材、管径和管道长度,在使布设的记录仪能够采集到探测区域内管道漏水产生噪声的同时,也使记录仪的数量达到最小化。

(1) 位置布设原则

噪声记录仪的位置布设应符合下列规定:

① 宜布设在检查井中的供水管道、阀门、水表、消火栓等管件的金属部分;

② 宜布设于分支点的干管阀栓;

③ 实际布设信息应在管网图上标注;

④ 管道和管件表面应清洁;

⑤ 噪声记录仪应处于竖直状态。

噪声记录仪的布设最好在管道暴露点处(管道、阀门、水表、消火栓等管件),必要时可将记录仪上锁,以免丢失。为保证探测信号,应清洁测试点的表面并使记录仪处于竖直状态,见图 6-3-2。

(2) 间距布设原则

应根据被探测管道的管材、管径等情况确定噪声记录仪的布设间距。噪声记录仪的布设间距应符合下列规定:

① 应随管径的增大而相应递减;

② 应随水压的降低而相应递减;

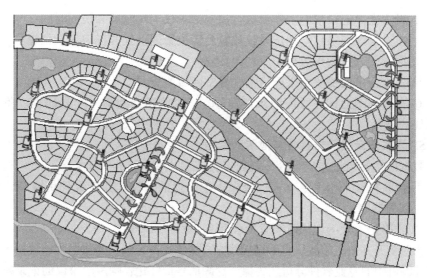

图 6-3-2　噪声记录仪布设示意图

③ 应随接头、三通等管件的增多而相应递减；

④ 当噪声法用于漏点探测预定位时，还应根据阀栓密度进行加密测量，并相应地减小噪声记录仪的布设间距；

⑤ 直管段上的噪声记录仪的最大布设间距尽量不超过表 6-3-2 的规定。

表 6-3-2　直管段上的噪声记录仪的最大布设间距①

管　　材	最大布设间距/m
钢	200
灰口铸铁	150
水泥	100
球墨铸铁	80
塑料	60

噪声记录仪的布设间距根据被探测管道的管材、管径等情况确定。由于泄漏噪声的强度和传播距离受水压、管材、管径、三通等因素影响，噪声记录仪的布设间距应按表 6-3-2 的规定，表中数据是在 DN500 以下管道实际测试的结果。

4. 噪声记录仪操作步骤

噪声法漏水探测应按下列基本步骤进行。

① 设计噪声记录仪的布设地点：在探测区域选择测试点。

---

① 引用自《城镇供水管网漏水探测技术规程》（CJJ 159—2011）。

② 设置噪声记录仪的工作参数：设置记录仪工作时间和访问时间。

③ 布设噪声记录仪：把记录仪放置到管道暴露点处并标记记录仪编号。

④ 接收并分析噪声数据。

⑤ 根据记录仪探测结果确定漏水异常区域或管段。

⑥ 在管网图上标注噪声记录仪编号，一个测试点对应一个号码，以免混淆记录仪的位置。

5. 噪声记录仪数据接收与泄漏判读

数据的接收与记录应符合下列规定：

① 接收机宜采用无线方式接收噪声记录仪的数据，并应准确传输到计算机或指定服务器中；

② 噪声记录仪的记录时间宜为夜间 2:00—4:00。

为避免开井盖，接收机宜采用无线方式接收噪声记录仪的数据，该数据可由手机或计算机中的专业软件分析。为保证探测信号最佳化，噪声记录仪的记录时间最好在夜间 2:00—4:00，因为此时间段供水管网运行噪声和环境噪声最小。

探测前应选定测量噪声强度和噪声频率等参数，并应在所选定的时段内连续记录。在所选定的时段内噪声记录仪连续记录，并统计分析噪声强度、噪声频率。

应分别对每个噪声记录仪的记录数据进行初步分析，推断漏水异常，并应符合下列规定：

① 应根据所设定的具体参数确定漏水异常判定标准；

② 对于符合漏水异常判定标准的噪声记录数据，可认为该噪声记录仪附近有漏水异常。

推断漏水异常是根据噪声记录仪的记录数据，一般由仪器自动报漏，判定标准根据仪器不同而不同，见图 6-3-3。

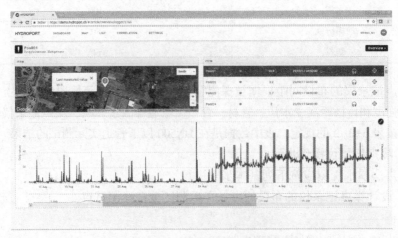

图 6-3-3　噪声记录仪监测数据

在初步分析的基础上对记录数据和有关统计图进行综合分析，推断漏水异常区域。在仪器自动报漏的前提下，测试人员应对记录数据进行二维图形或三维图形的综合分析，再次推断漏水异常区域。

应根据同一管段上相邻噪声记录仪的数据分析结果确定漏水异常管段。如果在同一管段上相邻噪声记录仪均报漏，就可以确定该管段为漏水异常管段。

6. 应用案例

对某市某段供水管道进行测漏，测区位于该市最繁华的地段之一，管线全长约3 km，管径为600 mm。全部管线均位于主马路中间或路边，24 小时车流不断，背景噪声大，管线埋设较深，最浅埋深约1.5 m，最深处达6 m。管线阀门井相隔较远，不利于相关分析法测试。据资料调查，待测管线沿线管网分布复杂，包括电力电缆等多种干扰管线，如图6-3-4 所示。

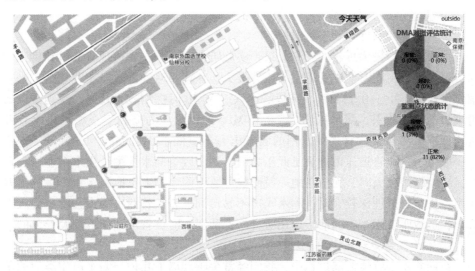

图6-3-4　噪声记录仪布设图

全线共23 个井，在每个井口管道栓阀上直接听漏的效果并不理想。用相关仪器进行测试，仍然无法确定漏点，甚至无法缩小范围。分析认为造成上述问题的原因为：一是背景噪声过大，无法有效分辨异常，二是相关距离过远，加之管道外壁有1 cm 厚的防腐层，有消声作用，降低了噪声的强度。在此情况下，为了解决噪声门槛过高问题，决定进行多点定点噪声连续监测。通过对比，判定出噪声阈值，确定异常区域后，再进行路面听音。在沿线23 个栓阀上分别布置噪声记录仪监测，监测时段为每日2:00—4:00。经对监测结果进行比较，确定18#、12#实测值明显偏高，判断18#和12#为目标区域，然后采用听音法、相关法，特别是钻孔听音法精确定位漏水点。

二、听音法

听音法是借助听音仪器设备，通过识别供水管道漏水声音，推断漏水异常点的方法。听音法可分为阀栓听音法、地面听音法和钻孔听音法，每种方法需要具备相应的条件，应根据探测条件选择实施不同的听音法。听音法是供水管道常规的漏水探测方法，应用时要根据供水管道探测条件来选择。如供水管道暴露点多，可采用阀栓听音法来发现有无漏水异常，然后采用地面听音法在地面探测漏水异常点，最后采用钻孔听音法确认漏水点位置。

1. 听音法基本要求

（1）听音法应用条件

采用听音法应具备下列条件：

① 管道供水压力不应小于 0.15 MPa；

② 环境噪声不宜大于 30 dB。

为保证取得较为理想的探测效果，实施听音法要求在管道现状资料和供水信息资料基础上，同时要求管道供水压力较大、环境相对安静。经实践总结，当管道供水压力不小于 0.15 MPa、环境噪声低于 30 dB 时探测效果较好，否则难以取得理想的探测效果。漏水探测时，0.15 MPa 的供水压力略高于《城市供水企业资质标准》中"供水管干线末梢的服务压力不应低于 0.12 MPa"的规定，但现在一般供水企业管道压力能满足此压力值，不会因为漏水探测给供水企业增加负担。环境噪声较大时，无法在地面及阀栓等管道附属物上听取漏水点产生的泄漏噪声；供水管道埋深较大时，漏水噪声不易传到地表，且漏水噪声强度也会大大降低，造成听音困难；因而，运用听音法探测漏水时，管道埋深不宜大于 2 m。

（2）干扰噪声种类

在探测供水管道泄漏过程中，我们经常会听到以下几种与漏水声相类似的干扰声音。

① 管内流水声：泵的运行、阀门半开、排气阀排气、三通点、变径点、变深点等处的声音。

② 电力线路声：地下电缆、变压器、路灯等会产生 300 Hz 以下的低频声。

③ 下水声：下水流动声和下水流入下水井的声音。

④ 汽车行驶声：汽车轮胎的擦过声。

⑤ 风声：拾音器探头被风刮时会产生低频声。

⑥ 城市噪声：喧闹、空调、电机、泵站等噪声。

2. 听音仪器基本要求

听音法所采用的仪器设备主要是听音杆和电子听漏仪，见图 6-3-5，听音杆应具有放大功能，电子听漏仪应符合下列规定。

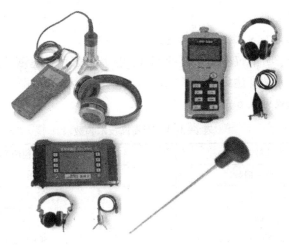

图 6-3-5　听漏仪及听音杆

（1）应具有滤波功能

该功能是电子听漏仪必须具备的功能，主要是抗环境噪声干扰，其作用是突出漏水声，抑制环境噪声。一般滤波频率范围：0~4 000 Hz，有分段滤波、分段组合滤波等。

①分段滤波：一般为 2~9 挡滤波选择，每个挡位频带宽是固定的。工作时可以根据现场的实际情况选择合适的滤波挡位，也可以通过人耳听力判断所听漏水声的频率范围，适时选择合适的滤波挡，以保证听取较为纯净的漏水声。这种类型的检漏仪要求使用者具备一定的检漏经验。

②组合滤波：有 6 挡或 9 挡组合滤波选择，可组合几种甚至几十种滤波范围，比分段滤波的可选择性更大，滤波范围也更宽。数字型的具有组合滤波的检漏仪还可进行频谱分析，仪器具有显示所听位置漏水声频率的功能，从而适时选择滤波范围。

③无级滤波：可任意选择频带的宽窄，滤波效果更佳，抗干扰能力最强。该种滤波具有更大的随意性，可根据现场需要任意选择宽度不小于 50 Hz 的滤波范围，可最大限度地抑制环境噪声。

（2）应具有多级放大功能

主机接收到拾音器传来的信号，首先对其进行放大，一般来说，检漏仪对信号的放大倍数为 50~120 dB。多级放大功能可以把传到地面的微弱漏水声逐级放大到几十万倍，因此借助检漏仪能听到微弱的漏水声，从而发现漏水异常位置。

由于检漏仪主机对拾音器所拾取的声音有几十万倍的放大作用，在对漏水声放大的同时，对各种环境干扰噪声也进行了相应的放大，甚至环境噪声会掩盖漏水声，因此必须把漏水声从各种干扰噪声中筛选出来，这就需要对所采集的声音进行过滤，也就是滤波。

（3）传感器电压灵敏度应优于 $10\,mV/(m\cdot s^{-2})$

拾音器是电子听漏仪非常重要的部件，拾音器采用加速度传感器的好处已得到公认，其电压灵敏度达到 $10\,mV/(m\cdot s^{-2})$ 是最低要求，相当于 $0.1\,V/g$。通常的听漏仪技术参数见表6-3-3。

表6-3-3　听漏仪技术参数

听漏仪	滤波范围	0~4000 Hz 分 9 段组合滤波
	放大倍数	120 dB
	信号处理	数字信号
	存储功能	9 条最小值记录
	连续监测功能	3、10、30 min 监测
	录音功能	可现场对漏水声音录音
主机	显示屏	240 mm×128 mm 点阵液晶
	电源	内置可充电锂电池
	工作时间	22 h
	充电时间	8 h
	工作温度	−25~+55℃
	防护等级	IP54
拾音器	拾音器类型	高灵敏度压电陶瓷加速度传感器，内置放大器
	连线	军用高强度柔性连线
	灵敏度	10 V/g
	安装方式	三脚支架
	防护等级	IP68
	工作温度	−25~+85℃
	质量	1.5 kg

听音法需要操作人员具有一定的听音经验，识别漏水声音是关键。因此为保证听音法的探测效果，通常在每个被测点上听测 1~5 次。实践证明，每个被测点在不同时段进行不少于 2 次的重复听测，并进行听测声音的对比，是保证听音法探测效果的有效措施。

检漏人员应采用复测与对比方式进行检漏过程的质量检查。检查时应随机抽取复测管段，且抽取管段长度不宜少于探测管道总长度的 20%。应重点复测漏水异常管段和漏水异常点。

3. 听音法种类

（1）阀栓听音法

阀栓听音法是通过普查阀栓来寻找漏水异常的一种最常用的检漏方法，在检漏工作中应用频率高，可以解决很多漏水问题。阀栓听音法主要用于供水管道漏水普查，听测点通常为暴露管道、阀门、水表、消火栓等管件，根据漏水声大小和频率推测漏水异常的区域和范围，并对漏水点进行预定位。

阀栓听音法通常使用机械听音杆和电子听音杆。当使用阀栓听音法探测时，听音杆或传感器应直接接触地下管道或管道的附属设施。专业探测队伍使用听音杆也可发现漏水异常，非专业检漏队伍通常使用电子听漏仪来发现漏水异常。

当使用阀栓听音法探测时，通常是打开井盖来听测裸露在外的地下管道或附属设施是否有漏水声。当发现明漏点时，应准确记录其相关信息。记录的信息应包括下列内容：

① 阀栓类型；

② 明漏点的位置；

③ 漏水部位；

④ 管道材质和规格；

⑤ 估算漏水量。

根据听测到供水管道漏水产生的漏水声，可判断确定漏水的管段，缩小确定漏水点的范围。之后根据所听测到的漏水声音大小和频率，结合已有资料推测漏水点与听测点的距离，判断漏水异常点的大概位置，见图6-3-6。

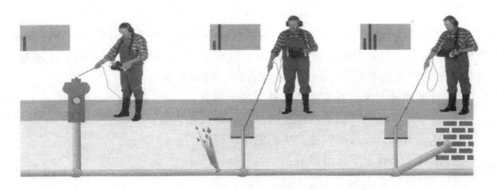

图6-3-6 阀栓听音示意图

（2）地面听音法

地面听音法可用于供水管道漏水普查和漏水异常点的精确定位。当采用地面听音法探测时，地下供水管道埋深不宜大于2.0m。地面音听法通过地面拾音器采集传播到地面的漏水声音信号，受外界环境噪声的影响较大，因此最好选择环境干扰噪声小的时间段，通常在 0:00—4:00 之间。

地面听音法通常使用电子听漏仪，在现场探测时，拾音器应紧密接触地面。

当采用地面听音法进行漏水普查时，应沿供水管道走向在管道上方逐点听测。金属管道的测点间距不宜大于 1.5 m，非金属管道的测点间距不宜大于 1 m。漏水异常点附近应加密测点，加密测点间距不宜大于 0.2 m。

当采用地面听音法进行漏水点精确定位或对管径大于 300 mm 的非金属管道进行漏水探测时，宜沿管道走向成"S"形进行听测，但偏离管道中心线的最大距离不应超过管径的 1/2，见图 6-3-7。

图 6-3-7　地面听音示意图

各类检漏仪都有其自己的特点、性能及使用范围，绝大部分管道漏水时都能听到漏水的声音，并能准确定位漏水点，但有少部分漏水点听测起来不太清楚，分析主要原因是漏水声传不到地面上来，若干种原因如下：

① 管道埋设太深，漏水声能量被埋覆土吸收；

② 漏口被水淹没，漏水声能量被水吸收形成水包管；

③ 水压太低，导致漏口处产生的漏水声音微弱；

④ 漏口上方有下水管道隔音；

⑤ 管道接口处渗漏，几乎无漏水声；

⑥ 地面上有建筑物或堆积物，无听漏条件。

（3）钻孔听音法

钻孔听音法是对供水管道漏水异常点进行验证及精确定位的一种方法，可用于所有路面。为提高探测效率，钻孔听音法最好是在供水管道漏水普查发现漏水异常后进行。

采用钻孔听音法前必须准确掌握漏水异常点附近其他管线的资料，要用探测管线的仪器确认是否有运行中的其他管线，如果有其他管线（特别是电力电缆），应避开这些管线钻孔。

当采用钻孔听音法探测时，每个漏水异常点处的钻孔数不宜少于 3 个，这是最低要求。因为少于 3 个钻孔无法确定噪声最强点，进而无法准确定位漏水点。而两钻孔间距不宜大于 1.0 m，这样可以充分比较探孔声音大小，否则将影响漏水点定位精度。

钻孔听音法通常使用路面钻孔机、钻洞棒、听音杆等工具，探测时听音杆最好直接接触管道管体，以保证听测质量，见图 6-3-8。

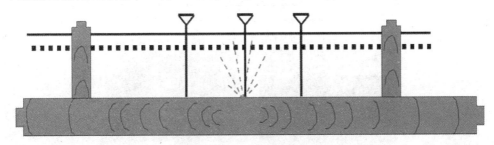

图 6-3-8 钻孔听音示意图

4. 实例应用

（1）应用实例一

东北某社区：首先用听音杆在居民楼支管上听到了泄漏噪声，利用检漏仪在区域内进一步进行大面积听音，使用柱状图形显示，进行观察分析和数据对比，并通过调节滤波范围，滤掉外界环境噪声干扰，很快定出漏水点位置。后经开挖证实漏水点偏差为 ±30 cm。管道埋深为 2.2 m，管道为 DN100 铸铁管，漏水量为 4.5 m³/h，见图 6-3-9。

（2）应用实例二

东北某小区：地面没有任何阀门井或水表井，图纸上也只是显示有一条 DN50 管道在该小区小库房前经过，检漏人员根据情况应用检漏仪进行大面积路面听音。在探测到第三间小库房门前时，检漏仪上的柱形图有些变化，并且在柱形图上的漏点数值显示出了当前的最小噪声强度。随着探测的范围增大，在探测到第五间小库房门前时，最小噪声的记录强度数值显示到最大，根据仪器探测结果，确定了漏点位置。经开挖后状态如下：管道紧邻暖气沟，埋深为 1.5 m，为 DN50 钢管，漏点为管道腐蚀孔洞，漏水口方向朝下，漏水量约为 2.3 m³/h，见图 6-3-10。

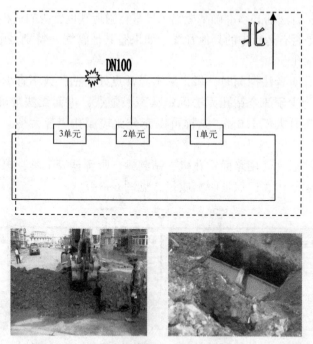

图 6-3-9　检漏管网示意图及漏水点（一）

图 6-3-10　检漏管网示意图及漏水点（二）

三、相关分析法

相关分析法是借助相关仪，通过对同一管段上不同测点接收到的漏水声音的相关分析，计算漏水异常点的方法，可用于漏水点预定位和精确定位，是供水管道泄漏检测的主要方法。特别适用于管道暴露点密集、埋深较大区域。因为漏水探测传感器直接从管道上采集漏水声音信号，所以仅与管道长度有关，与管道埋深无关。

当输入的管道长度、管材、管径准确时，相关仪测出的漏水点就准确；否则就会有偏差，影响定位精度。

相关分析法按采样方法可分为实时相关和记录相关。实时相关是指红/蓝发射机采用无线电信号（433 MHz）把漏水声音信号传送到接收机，进行实时相关分析。记录相关通常是多探头相关仪工作原理，包含探头内置压电式加速度传感器、A/D 转换器、控制器、存储器、高精度时钟及电源等，可记录漏水声波信号。其原理是任意两个探头均可进行相关分析，得到漏水声到两个探头的时间差（也称时间延迟）来计算漏水点到探头的距离。当采用相关分析法检漏时，漏水点产生的漏水声音大小主要取决于压力大小、漏口形状和管道材质，同时管材和管径会影响漏水声的传播距离。实践证明管道压力最好大于 0.2 MPa，这样便于测到良好的相关结果。

1. 相关仪基本要求

相关仪应具备滤波、频谱分析、声速测量等功能。

① 滤波：对采集到的声波进行处理，从而得到对相关分析有用声波的频率范围。可采用自动滤波或手动滤波。如果所选滤波范围存在干扰，应采用陷波去除干扰，可保证较好的相关结果。

② 频谱分析：显示各传感器频率信号，以便选择最佳滤波范围。

③ 声速测量：相关仪内存的理论声速会与实际声速存在一些偏差，导致漏水点定位存在偏差，现场实测管道的声速可提高漏水点定位精度。

相关仪传感器频率响应范围宜为 $0 \sim 5\,000\,\mathrm{Hz}$，电压灵敏度应大于 $100\,\mathrm{mV}/(\mathrm{m} \cdot \mathrm{s}^{-2})$。相关仪传感器频率响应范围和灵敏度是相关仪的基本要求，是国内外供水行业通常使用的参数，经实践检验证明是必要、适当和可行的。

2. 相关仪探测时应满足的要求

① 两个、多个传感器必须直接接触管壁或阀门、消火栓等附属设备，接触面保持清洁，保证接触良好。

② 两个传感器之间的管道长度不应太长，一般为 $100 \sim 300\,\mathrm{m}$，具体取决于管网压力、管材、管径和漏口大小。

③ 相关仪发射机与主机间的信号传输可采用无线或有线传输方式。

④ 传感器布设点之间的管道长度、管材和管径必须人工输入相关仪主机中。

3. 相关分析法适用条件

相关仪能查出漏水点的前提是两个传感器必须采集到来自同一个漏水点的声波信号，也就是说，探测距离不能太长。漏水声音的传播距离受管材、管径、接口等因素影响，例如金属管道比非金属管道声波传播距离更远。经验表明，当探测管径不大于 500 mm 的管道时，参照表 6-3-4 的参数设置传感器，探测结果可获得较高的正确率。除管材影响漏水声传播距离外，还受管径和水压的影响。因此，传感器的布设间距应随管径的增大而相应地减少、随水压的增减而增减。

表 6-3-4　直管段上传感器最大布设间距

管　　材	最大布设间距/m
钢	300
灰口铸铁	200
水泥	150
球墨铸铁	150
塑料	70

当采用相关分析法探测时，应准确输入两个传感器之间的管长、管材和管径等信息。根据管道材质、管径设置相应的频率波范围。金属管道设置的最低频率不宜小于 200 Hz，非金属管道设置的最高频率不宜大于 500 Hz。传感器的布设应符合下列规定：

① 应确保传感器放置在同一条管道上；

② 传感器宜竖直放置，并应确保与管道接触良好。

传感器应置于管道、阀门或消火栓等附属设备上，用于探测漏水声音信号。如果传感器没有放置在同一条管道上，即使有漏水也测不到漏水的相关结果。为保证传感器获得良好信号，传感器最好竖直放置，并应确保与管道接触良好。特别说明，对声波传送效果差的管道（如大口径干管或塑料管等），相关仪探测效果可能并不理想，此时应采用水听传感器。水听传感器可安装在消火栓、管道开口等出水口处。

由于相关仪传感器直接从管道上拾取漏水声音信号，所以相关分析法特别适合大埋深供水管网的漏水探测，管道越深探测效果越好。

4. 相关仪的相关技术

当供水管道发生漏水时，能够产生比普通流水声音频率高的漏水声波沿管道传播。漏水声音频率主要取决于漏口形状、管材和水压，漏水声音的传播速度主要取决于管径和管材。通过放置在管道两端（漏水点包围在中间）的振动传感器来检测漏水声波信号，由于漏水点可能位于管道的不同位置，因此漏水声音到达两个传感器的时间不同。利用两列信号的互相关分析，即可确定漏水声音到达两个传感器的时间差。根据该时间差，并通过两个传感器间的距离和声波在该管道中的传播速度，即可计算出漏水点距两个传感器的距离。

设函数 $x(t)$、$y(t)$ 为所测量的两列声波信号，则其互相关函数计算公式 R_{xy}、R_{yx} 如下：

$$R_{xy}(\tau) = \lim_{T \to \infty} \frac{1}{T} \int_0^T y(t) x(t - \tau) \mathrm{d}t = R_{yx}(-\tau)$$

若信号为周期信号，或一段信号可以反映信号全部特性，则可以采用一个共同周期或一段信号内的均值代替整个历程的平均值。对于漏水声波信号，只要采集的两列信号均覆盖了 500 ms 以内漏水声音传播的全过程即可，不必无限制采集。这样，互相关函数计算公式可作如下近似：

$$R_{xy}(\tau) = \frac{1}{T_{\max}} \int_0^T x(t) y(t + \tau) \mathrm{d}t = R_{yx}(-\tau)$$

互相关系数 ρ_{xy} 计算公式为：

$$\rho_{xy}(\tau) = \frac{\lim\limits_{T \to \infty} \frac{1}{T} \int_0^T x(t) y(t + \tau) \mathrm{d}t - \mu_x \mu_y}{\sigma_x \sigma_y} = \frac{R_{xy}(\tau) - \mu_x \mu_y}{\sigma_x \sigma_y}$$

其中：τ 为延迟时间，μ_x、μ_y 分别为 $x(t)$、$y(t)$ 两列信号的均值，σ_x、σ_y 分别为 $x(t)$、$y(t)$ 两列信号的方差，$|\rho_{xy}(\tau)| \leqslant 1$。

由于互相关系数在 $[-1, 1]$ 范围内，显然，采用互相关系数计算比较方便，容易判断。通过互相关系数的计算，作为最大互相关系数的 τ 值，即为漏水声音到达两个传感器的时间差。

由于事先无法知道漏水点距离哪一个传感器更近，所以两个传感器接收到的两列漏水声波信号不同，为了准确确定延迟时间，每次必须计算 $\rho_{xy}(\tau)$ 和 $\rho_{xy}(-\tau)$，由上面可知：

$$\rho_{xy}(-\tau) = \frac{R_{xy}(-\tau) - \mu_x \mu_y}{\sigma_x \sigma_y} = \frac{R_{yx}(\tau) - \mu_x \mu_y}{\sigma_x \sigma_y}$$

为了区分两个振动传感器，将其标定为红色传感器 A 和蓝色传感器 B，假定 $x(t)$ 为红色传感器测的信号，$y(t)$ 为蓝色传感器测的信号，以红色传感器测定的信号 $x(t)$ 为标准，若 $\rho_{xy}(\tau)$ 波形内找到互相关系数最大的点，则表明 $x(t)$ 信号中漏水声音到达的时间早于 $y(t)$，即漏水点位置距红色传感器近些；若 $\rho_{xy}(-\tau)$ 波形内找到互相关系数最大的点，则表明 $x(t)$ 信号中漏水声音到达的时间晚于 $y(t)$，即漏水点距红色传感器远些，距蓝色传感器近些；若相关分析后计算的延迟时间为零，则表明中心相关：或为噪声干扰或表明漏水点位于两个传感器正中，应移动一个传感器位置后重新进行相关分析。

5. 相关仪的工作原理

相关分析法采用漏水相关分析技术（快速傅里叶变换）的原理，通过放置在漏水点两侧阀门或消火栓上的传感器探测漏水声信号（见图6-3-11），由相关仪主机接收而确定漏水点位置。漏水点发出的漏水声波会以一定的速度沿管道向两侧传播，先传到左侧 A 点，后传到右侧 B 点，这样就产生了时间延时（即时间差），相关仪采用相关分析技术就可以测定此时间差，从而计算出漏水点的位置。

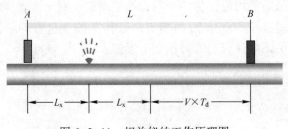

图6-3-11　相关仪的工作原理图

假设漏水点距较近的传感器距离为 L_x，两个传感器间的距离为 L，声波的速度为 V，漏水声波到达两个传感器的时间差为 T_d，则漏水点距较近传感器的距离计算公式如下：

$$L_x = (L - V \times T_d)/2$$

式中 V 值取决于管材、管径和管道中的介质，单位为 m/s 或 m/ms。

6. 相关仪的种类

相关仪按探头数量可分为如下两类。

（1）两探头相关仪

按照信号传输方式，两探头相关仪可分为以下两种。

① 模拟型相关仪。传感器通过屏蔽电缆线把电信号传输到发射机，然后发射机采用无线电模拟信号传输到相关仪主机，二路信号传输会有一些干扰，信噪比低。

② 全数字型相关仪。传感器内部采用数字化，即所谓的数字探头，通过信号线把数字信号传输到发射机，然后发射机采用无线数字信号传输到相关仪主机，二路信号传输不存在干扰，信噪比高。

（2）多探头相关仪

多探头相关仪就是数字相关仪。顾名思义，有多个探头，而不是两个探头，最多一般配备八个探头。传感器内部采用数字化，并把数字信号存入传感器中，所以探头也称记录仪，取回探头后，采用有线、无线或红外方式把数字信号传输至相关系统中。

　　评价相关仪性能的优劣，应从适用性、耐用性、轻便性和性价比等几方面来进行。适用性是指仪器的性能、使用效果和适用程度，这是评价仪器优劣的基本标准。耐用性、轻便性和性价比也是很重要的评价标准。由于相关仪是在野外或现场使用，必须坚固耐用，有良好的密闭性且工作稳定。同时，整套设备应方便携带，能在恶劣的环境下工作。

　　相关仪、多探头相关仪及检测示意图如图 6-3-12 所示。

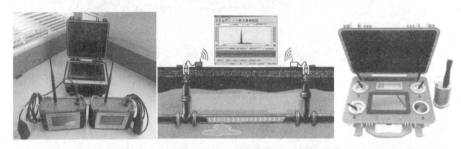

图 6-3-12　相关仪、多探头相关仪及检测示意图

7. 相关仪的主要功能

① 滤波功能：可采用自动滤波和手动滤波，其目的是滤除环境干扰噪声。

② 频谱分析：显示各传感器频率信号，以便选择最佳滤波设置。

③ 陷波功能：在选定滤波范围内滤除稳定的干扰源。

④ 峰值压制：压制当前峰值，定位其次峰值。可在阀门、泵等稳定噪声干扰下定位漏水位置。

⑤ 自定义功能：相关仪内部理论声速会与实际声速存在偏差，用户可自己定义管道的声速。这样会使相关定位更准确。

8. 相关仪在实际漏水检测中的应用

（1）国产相关仪

紫侠相关仪是我国自主研发，具有自主知识产权的一款供水管网漏水检测设备。自从研制成功以来，已经经过了相当长时间的测试与使用。使用情况良好，到目前为止，在多次的现场测试中都显示了其良好的性能，完全能够满足国内外客户的需求。在北京、石家庄等市的供水企业使用中，获得了良好的测量结果，得到了好评。测试实例见图 6-3-13～图 6-3-15。紫侠相关仪已成为检漏队伍的必备装备。

（2）进口相关仪

常见的进口相关仪有瑞士、英国、德国等国生产的相关仪，见图 6-3-16。

下面以瑞士的多功能相关仪 LOG 3000 为例，介绍相关仪的主要工作流程及技术参数。

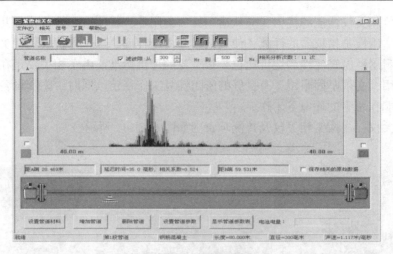

图 6-3-13　地点：石家庄，管材：钢筋混凝土（DN300）；管长：80 m

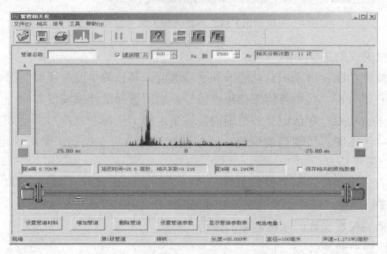

图 6-3-14　地点：石家庄；管材：铸铁（DN100）；管长：50 m

　　LOG 3000 是最新一代移动式平板计算机相关仪，具有优良的测量性能，适用于压力管道（钢、铸铁、塑料、水泥等）泄漏点的精确定位。主要配置有探头（2 个）、发射机（红、蓝）、接收机、平板电脑（含相关分析软件），见图 6-3-17。

　　加速度传感器探测管道中的泄漏噪声信号，并通过电缆将其传输到发射机，发射机通过无线电（433 MHz）将这些信号转发到接收机，然后接收机通过蓝牙将信号发送到笔记本计算机或平板计算机，相关仪软件分析处理采集到的信号，进而确定泄漏位置。

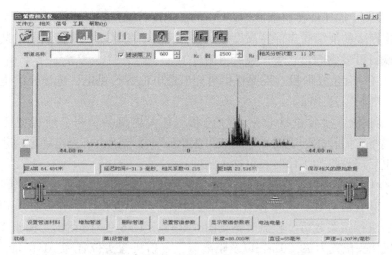

图 6-3-15　地点：北京；管材：钢管（DN50）；管长：88 m

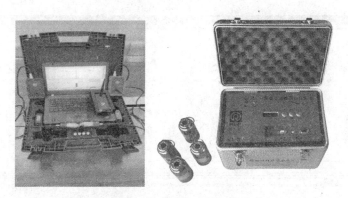

图 6-3-16　进口相关仪、多探头相关仪

图 6-3-17　相关仪 LOG 3000

① 探头（加速度传感器）。探头中的加速度传感器安装牢固，且对金属和塑料管道中产生的泄漏噪声保持高度敏感。探头具有防水功能，探头前段装有一块强力磁铁，可吸到阀杆、管道或管道附件上。

② 红色/蓝色发射机。发射机由可充电锂电池进行供电，电池充满电后发射机的工作时长可达 10 h。

③ 接收机。接收机接收来自红色和蓝色发射机的信号，通过蓝牙连接或USB 电缆将它们转发到笔记本电脑或平板电脑，接收机由可充电锂电池供电，电池充满电后接收机的工作时长可达 12 h。

④ 操作界面。为了快速开始检测，既可以在软件开始界面上预设管道长度、管道材质和管道直径，又可以在测试过程中修改管道长度、管道材质和管道直径，然后进行相关分析。检测实例见图 6-3-18。图 6-3-18 给出了漏水点距离红色发射机探头位置为 79.90 m，以及距离蓝色发射机探头位置为 20.10 m。同时还给出了两个探头拾取的漏水声音信号和各自的频率信号。

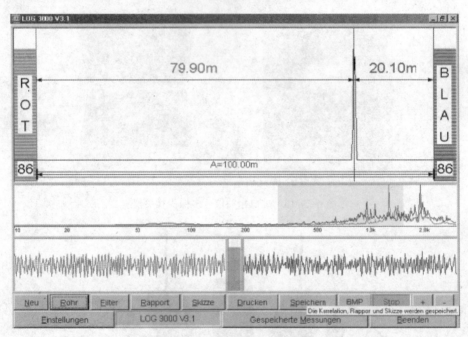

图 6-3-18　相关仪检测结果图

相关仪具体技术参数见表 6-3-5。

表 6-3-5　相关仪技术参数

仪器箱	尺寸（长×宽×高）	500 mm×430 mm×175 mm
	质量	7.70 kg

续表

发射机	传输功率（433 MHz）	100 mW
	组合探头/充电插座	DIN 680
	电池类型	锂电池
	电池容量	1 300 mAh
	工作时间	>10 h
	充电时间	2 h
	防护等级	IP54
	工作温度	−20~50℃
	充电温度	5~40℃
	存放温度	0~40℃
	尺寸（加 12 cm 天线）	145 mm×85 mm×48 mm
	质量	0.716 kg
接收机	天线插座（433 MHz 车载天线）	BNC
	组合 USB/充电插座	Micro USB
	电池类型	锂电池
	电池容量	2 350 mAh
	工作时间	>12 h
	充电时间	2 h
	防护等级	IP54
	工作温度	−20~50℃
	充电温度	5~40℃
	存放温度	0~40℃
	尺寸（加 15 cm 天线）	175 mm×90 mm×40 mm
	质量	0.722 kg
探头	线长	1.80 m
	连接器	DIN 680
	防护等级	IP68
	尺寸	90×ϕ40 mm
	质量	0.60 kg

四、在线监测相关定位法

在线监测相关定位法是借助相应的在线监测仪器设备，通过监测、记录供水管道漏水声波，统计分析其强度和频率，推断漏水异常管段，再通过两个记录仪记录的原始漏水声波进行相关分析来精确定位漏水点的方法。可用于供水管道漏水监测、漏水点预定位和精定位。

"在线渗漏预警与漏点定位系统"是一套由多个噪声监测相关记录仪组成的整体化声波接收系统，见图6-3-19。可将多台记录仪布置在管网上不同地点，如消火栓、阀门或暴露管道等，按预定时间（一般为夜间2:00—4:00）开关机，记录开始时进行3~5 s的原始噪声采集，并统计记录管网的噪声信号。

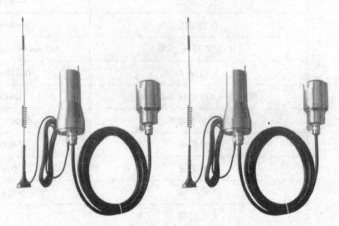

图 6-3-19　在线渗漏预警与漏点定位系统

以下以瑞士 ORTOMAT-MTC 的参数为例进行介绍，见表6-3-6。

表 6-3-6　噪声监测相关仪参数

型　　号	瑞士 ORTOMAT-MTC
传感器	压电陶瓷
漏水监测	噪声水平监测，相关分析定位漏点
数据读取	FTP 服务器->GPRS/UMTS（全球） 移动手机 SMS（全球） 蓝牙接口（本地）
数据存储	120 000 测量点（动态）
天线终端	SMAf for 2G/3G 无线通信接口
数据传输速率	蓝牙（19 200 波特）Ext

续表

型　　号	瑞士 ORTOMAT-MTC
工作温度	−20~60℃
无线电技术	蓝牙模块（2.4 GHz/100 mW） GSM4-波段（850/900/1 800/1 900 MHz） UMTS5-波段（800/850/900/1 900/2 100 MHz）
供电	3 V/2.9 Ah（2×AA 锂电池）
电池寿命	3 年
防护等级	IP68
质量	150 g
尺寸	φ41×102 mm

1. 噪声记录仪检验

详见噪声法中"噪声记录仪检验"相关内容。

2. 噪声记录仪布设

详见噪声法中"噪声记录仪布设"相关内容。

3. 噪声记录仪操作步骤

详见噪声法中"噪声记录仪操作步骤"相关内容。

4. 噪声记录仪数据接收与泄漏判读

详见噪声法中"噪声记录仪数据接收与泄漏判读"相关内容。

5. 漏水点精确定位

漏水点精确定位是采用相关分析法，通过两个噪声记录仪进行相关分析来定位漏水点位置，只要准确输入管长、管材和管径，就可以精确定位漏水位置，见图 6-3-20。数据传输管理见图 6-3-21。

6. 支持多种终端模式

通过 Web 直接访问云服务器，实现对设备进行配置管理、状态管理、数据管理、告警管理、数据趋势分析、相关定位等操作。

支持手机 App，实现设备预警状态查看、漏损定位等操作。

支持蓝牙连接设备，实现设备配置操作。

总之，在线监测定位法是噪声法和相关分析法的结合，漏水声音数据采用互联网传输，实现供水管网泄漏在线监测，不仅可以发现泄漏，还可定位漏水点。

7. 在线渗漏预警与漏点定位系统

我国近年来在检漏技术上发展很快。目前，在北京自来水集团承担的"十三五"国家科技重大专项"多水源格局下水源-水厂-管网联动机制及优化调控技术"

课题中，由埃德尔公司承接的"管网泄漏在线监测定位装备研发（2017ZX07108-002-06）"子任务已经完成（研发产品见图6-3-19）。

图6-3-20 相关分析定位

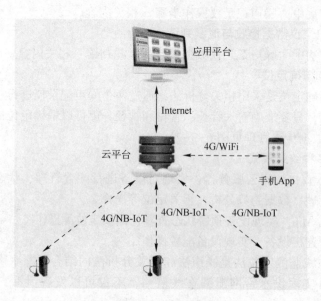

图6-3-21 数据传输模式

该产品具体介绍如下。

（1）性能特点

① 应用了"十二五"课题成果的多项发明专利技术——自适应频谱消噪技术、新型渗漏预警设备预警方法、新型渗漏预警在线相关定位方法。

② 支持在线直接相关定位功能，设备每天采集定量的管道噪声数据，可直接进行相关运算，相关精度与普通相关仪一致。

③ 支持手机 App，手机端可以实时查看管道运行状态和漏点定位信息。

④ 支持蓝牙配置，通过扫二维码可实现设备配置。

⑤ 超低功耗，待机功耗小于 15 μA，正常使用情况下，保证 3 年的使用时间。

⑥ 采用超低运营成本、超强覆盖率、超低功耗的 NB-IoT 物联网传输方式。

⑦ 超小体积，简便安装，直接磁吸到管道即可使用。

⑧ 防护等级 IP68，探头可长期入水工作。

（2）技术参数

① 灵敏度：大于 60 V/g。

② 频率范围：0~5 000 Hz。

③ 待机功耗：小于 15 μA。

④ 定位精度：小于 1 m（DN300 铸铁）。

⑤ 采集样本量：60 组。

⑥ 相关采集时长：3 s。

⑦ 内置电源：大容量锂电池。

⑧ 工作时间：标准模式大于 3 年。

⑨ 探头质量：700 g。

⑩ 操作温度：-20~55℃。

⑪ 防护级别：IP68。

（3）传输模式

该仪器采用 NB-IoT 传输方式，NB-IoT 相比现有的 GSM、LTE 等，网络覆盖增强了约 20 dB，信号的传输覆盖范围更大，能覆盖到 GSM 网络无法覆盖到的深层地下。以井下噪声监测记录仪为例，所处位置无线环境差，与智能手机相比，高度差导致信号相差 4 dB，同时再盖上井盖，会额外增加约 10 dB 的损耗，因此 NB-IoT 增强的 20 dB 正好可以弥补井下环境的差异。

（4）相关分析界面

当噪声监测记录仪发现供水管网泄漏后，对相邻记录仪采集记录的泄漏噪声进行相关分析，结果见图 6-3-22。服务端应用界面见图 6-3-23。

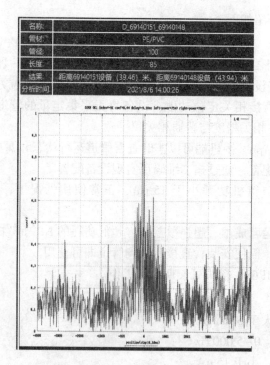

名称	D_69140151_69140148
管材	PE/PVC
管径	100
长度	85
结果	距离69140151设备（39.46）米，距离69140148设备（43.94）米
分析时间	2021/8/6 14:00:26

图 6-3-22　App 端相关分析结果

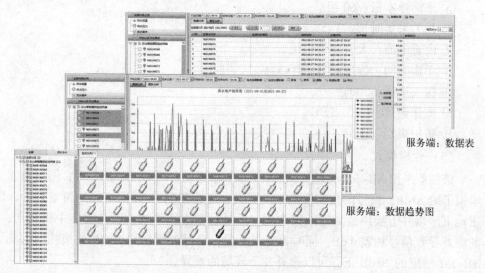

服务端：数据表

服务端：数据趋势图

服务端：设备监测界面

图 6-3-23　服务端应用界面

第四节　非常规漏水检测方法

一、气体示踪法

气体示踪法是在供水管道内施放示踪气体，使用相应仪器设备通过地面检测从破损处泄漏出的示踪气体浓度，定位漏水异常点的方法，可用于供水管道泄漏探测，特别是在采用听音法、相关分析法等探测方法难以解决漏水问题时，它是一种辅助检漏方法。采用此法时，主要考虑气候条件对示踪气体通过漏点溢出到地面浓度的影响，经验证明风雨天气条件下不宜采用该方法检漏。

气体示踪法是将5%氢气和95%氮气的混合气，即所谓的"示踪气体"，注入待测管道，氢气可以从管道泄漏处溢出地面。这种示踪气体无毒、无味、无腐蚀性、不可燃，是工业焊接作业中用来保护不锈钢避免氧化的常用气体。5%氢气和95%氮气混合气是安全气体，而且这种气体比较便宜且容易获得。

1. 供水管道气体示踪法检漏技术

氢气是一种理想的示踪气体，是所有气体中比重最轻的气体，是空气的$\frac{1}{14}$，并且黏度最小，能够快速由泄漏处溢出到地面而被仪器检测到。氢气在地下的横向扩散很小，对于埋深1 m的管道，传到地面其扩散范围直径仅为1.5 m。

对埋深1 m的管道，使用高灵敏度氢气检漏仪确定泄漏位置可定位在0.4 m之内。对埋深2~4 m的管道，也很容易确定泄漏位置，通常精度在1 m之内。

在用氢气检漏仪探测管道泄漏之前，必须清楚管道的准确走向。新敷设的管道，走向很清楚，不需要管线仪定位。如果是老旧管道，在走向不清楚的情况下，必须先用管线探测仪定位管道的走向及埋深。因为示踪气体在升至地面过程中横向扩散很小，如果管道走向不准确，很可能检测不到示踪气体，而误认为管道无泄漏发生。

管道上面的掩埋介质直接影响着示踪气体溢出至地面的时间。一般新竣工的管道，其管道上面的掩埋物较松散且干燥，这种情况下只要注入气体1 h后就可以开始检测示踪气体。检测老旧管网则需要等待较长时间，因为管道掩埋层经过长时间的沉积和外力挤压，容易变得密实坚硬。管道掩埋介质的等待时间可参考表6-4-1。

表6-4-1　氢气在管道掩埋介质的溢出时间

埋 置 介 质	等 待 时 间
干沙土	10~15 min
湿沙土	0.5~1 h

埋置介质	等待时间
干黏土	2~4 h
湿黏土	3~5 h
沥青	4~6 h

通常等待时间与埋深和检测管道长度有关，表 6-4-1 中给出的数据为管道长度 200 m，埋深 2 m 的参考值。

埋设层上层为混凝土时，等待时间因混凝土形态而异，强度越高的混凝土需要等待的时间越长。新铺设的混凝土和敷设很久的混凝土等待的时间相差很大，因为新敷设的混凝土透气性很好，气体很容易透过地面而被检测到，而敷设很久的混凝土结构中充满了泥土，透气性差，需要等待的时间比较长，一般需要等待 6 h 以上才能有足够量的气体溢出到地面。地面的干湿程度也影响着透气性，因此，在检测时，现场钻几个孔，使气体更容易透过混凝土层或沥青层，这样有助于提高检测泄漏的效率而获得满意的结果。

2. 气体示踪法的检测步骤

（1）示踪气体注入

在向待探测供水管道内注入示踪气体前，应关闭相关阀门，确保阀门关闭无泄漏。将示踪气体注入经确认有泄漏的管段。气压通常应达到工作压力以上，因为管道泄漏与压力有关，一定压力以内可能不会引发泄漏，而超出该压力后就会产生泄漏。

在向管道中注入示踪气体时，用氢气检测仪手持探头先检查注入设备本身有无漏气，如法兰、阀门、压力表等配件及周围。这些部位的泄漏通常很小，但加起来也会形成一定量的泄漏。如果条件允许，打开管道远端的阀门让空气排出，用仪器检查示踪气体是否到达远端，确定示踪气体到达后再将阀门关闭。

（2）标记管道走向

示踪气体横向扩散范围很小，因此，准确确定管道的走向是非常重要的。如果管道走向不清楚，则应使用管线探测仪标记出管道走向。

（3）示踪气体到达地面溢出时间

具体参见前述表 6-4-1。

（4）用氢气检测仪沿管道检测

① 使用地面钟形探头检测。使用地面钟形探头进行检测，先打开仪器，使地面钟形探头的喇叭口处与地面之间形成小真空区，确保将地下的气体抽吸出来，每隔 1 m 抽一个气样，每次抽样时间 3~5 s（见图 6-4-1）。

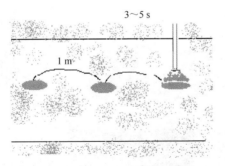

图 6-4-1　地面钟形探头

② 钻孔确认漏点。当氢气检测仪检测到泄漏点后，可沿管道走向用钻孔机在路面钻孔，钻孔前后距离为 0.5~1 m。然后检测每个孔内示踪气体的浓度，检测到氢气浓度持续点的位置即为漏点位置，见图 6-4-2，确定好位置后便可进行现场开挖维修。

图 6-4-2　路面钻孔机及路面钻孔检测示意图

3. 仪器设备的选择

由于管道的泄漏情况复杂，从渗漏到大漏形态各异，管道的埋设介质及现场环境也是各不相同，因此对氢气检测仪的选择有较高的要求，必须适用于各种环境。氢气检漏仪应具有灵敏度高、测试范围大等功能，特别是对渗漏量小的氢气泄漏也能检测出来，见图 6-4-3。

① 仪器操作方便，具备泵吸功能及装卸方便的手持探头、地面探头等。

② 检测灵敏度为 1×10^{-6}。

③ 量程选择指导：选择仪器时，应注意选择测量量程的范围，越大越好。低量程为：$0 \sim 1\,000 \times 10^{-6}$（在检测仪器上一般标为 ppm）；全量程（爆炸下限量程）为：$0 \sim 100\%\text{LEL}$（$0 \sim 40\,000 \times 10^{-6}$）。低量程到高量程是自动转换的。

应用案例：

2019 年 12 月在某市一私立学校用气体示踪法探测供水管道泄漏。

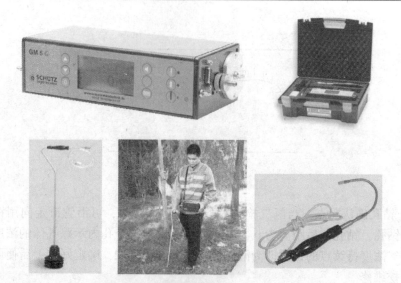

图 6-4-3　氢气检测仪及探测示意图

　　管道情况：管材为 PPR，管径为 100 mm，埋深 1 m 左右，封闭待测管 110 m 左右。路面状况由浇筑大理石地板、沥青路面、绿化带构成。

　　检测流程：关闭两端阀门后开始注入 5% 氢气和 95% 氮气混合气体，十五分钟后开始检测绿化带并沿线检测，重点检测周边污水井缝隙等处。半个小时左右污水井处检测到气体浓度，四十分钟左右大理石地砖弯头附近缝隙发现低浓度气体，五十分钟左右发现浇筑大理石裂缝有较高浓度气体。手持探头检测示意图见图 6-4-4，钟形探头检测示意图见图 6-4-5。

图 6-4-4　手持探头检测示意图　　　　　图 6-4-5　钟形探头检测示意图

　　在污水井附近三通位置及大理石地砖位置进行钻孔，未见漏水迹象，随后在大理石裂缝位置钻孔见水，确定漏水点位置，见图 6-4-6。

图 6-4-6　漏水点示意图

二、水中机器人检测法

水中机器人检测法是在管道内窥法基础上发展应用的。该方法必须带水检测，这是与传统 CCTV 管道内窥检测法的根本区别。该系统适用于管径为 300 mm 以上的大口径管道的漏水检测工作。

水中机器人采用高灵敏度水听器和高清摄像头，在管道中顺着水流方向检测，可有效检测管内包括泄漏、破损、结垢、气包、杂质淤积等多种异常情况，并通过地面辅助的信标系统，实现对异常位置的精确定位，如图 6-4-7 所示。

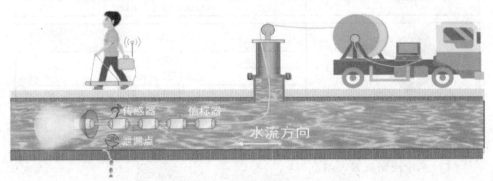

图 6-4-7　带压水管道机器人检测示意图

1. 带压水管道机器人检测技术原理

该技术采用高灵敏度的声学水听器采集泄漏点的声信号，同时配备高清摄像头采集管道环境数据，采集信息后通过机器人尾端的通信缆回传给地面站。工作人员通过地面站的耳机、显示器，接收处理后的声音、视频图像，判断管道的健康状况。同时机器人内部配置特殊信号信标器，地面人员可跟踪信号确定机器人位置，便于标记泄漏点。发现异常后，操作人员可停止送缆，或倒退，详查可疑位置。确认后，读取通信缆发送长度及收集到的信标信号，精准标记地面位置。

2. 带压水管道机器人主要技术指标

为保证在带压水管道内正常工作，并有效捕捉异常光学、声学信号，对带压水管道机器人主要技术指标有如下要求：

① 摄像机可感光的最低照度为 3 lx；

② 摄像机分辨率不应小于 200 万像素；

③ 图像变形应控制在 ±5% 范围以内；

④ 水听器灵敏度不低于 -150 dB（基准值 1 V/μPa），频率响应范围至少为 0.1~20 kHz；

⑤ 机器人主体水压耐压不低于 2 MPa。

3. 产品系列（见图 6-4-8）

	谛听360
	尺寸：外径350 mm
	适用管径：≥1 000 mm
	设计检测距离：6 km
	谛听80
	尺寸：外径80 mm
	适用管径：≥400 mm
	设计检测距离：6 km
	谛听60
	尺寸：外径60 mm
	适用管径：≥300 mm
	设计检测距离：2 km

图 6-4-8　产品系列

4. 带压水管道检测机器人的操作

（1）水中检测机器人组成

水中检测机器人由机器人、地面站、收发筒、长距离脐带缆及缆车、拉缆器等组成，如图 6-4-9 所示。

图 6-4-9　水中管道内窥探测仪

图 6-4-9　水中管道内窥探测仪（续）

（2）现场作业及要求（见图 6-4-10）

该系统可探测管径为 300~3 000 mm、水压 0.1~1 MPa、水流速度为 0.2~1 m/s、最大管道长度为 6 km 的各种管道。

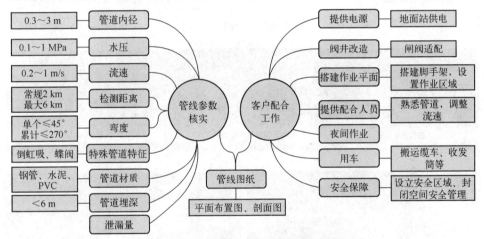

图 6-4-10　现场作业及要求示意图

（3）机器人置入管道（见图 6-4-11）

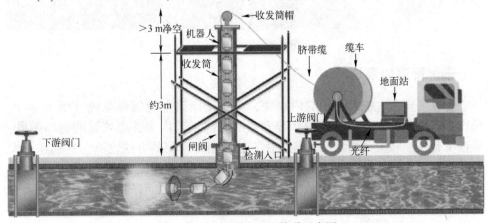

图 6-4-11　机器人置入管道示意图

（4）应用案例

天津大学精仪精测团队研发的带压水管道检测机器人系统在多地供水企业已经应用，部分现场效果见图6-4-12和图6-4-13。

图6-4-12　现场检测图

图6-4-13　检测结果

三、管道内窥法

管道内窥法（又称CCTV内窥法）是借助闭路电视摄像系统（CCTV）查视供水管道内部缺陷以推断漏水异常点的方法，是供水管道检漏的辅助手段，是在听音法、相关分析法等常规方法不起作用时采用的方法之一。特别在对大管径、大埋深的管道进行检测时可以考虑该方法。应用此方法时，首先将管道停水并在管道上开口，一般是将阀门拆掉，再把CCTV管道内窥探测仪置入管道中，查看管道内部有无缺损（如裂缝、孔洞等），并记录缺损位置以确定漏水点位置。

1. CCTV 管道内窥检测技术

CCTV 管道内窥检测系统由三部分组成：主控器、操纵线缆架、带摄像镜头的"机器人"爬行器。操作员通过主控器控制"爬行器"在管道内的前进速度和方向，并控制摄像头将管道内部的视频图像通过线缆传输到主控器显示屏上，操作者可实时地监测管道内部状况，通过摄像机器人对管道内部进行全程摄像检测，对管道内的锈层、结垢、腐蚀、穿孔、裂纹等状况进行探测和摄像。实现管道内部长距离检测，实时观察并能够保存录像资料，将录像传输到地面，由专业的检测工程师对所有的影像资料进行判读。通过专业知识和专业软件对管道现状进行分析、评估，有效地查明管道内部防腐质量、腐蚀状况，以及涌水管道、涌水点的准确位置。科学全面地了解管道的现状，编写管道现状报告，并对排水管道运行质量及功能进行评价。为管道的定点修复、敷设管道的竣工验收，以及管道修复前的方案设计、修补过程中的施工监测、修补后复测等工作提供经济、有效的检测方法。该方法已较为广泛地应用于地下排水管道缺陷检测与管道维护，在具备条件时也可用于地下供水管道的检测。不但可以检测泄漏位置，还可以检查私接管道的位置。该方法的特点是操作简便，结果直观。

2. 管道内窥探测仪的基本要求

CCTV 管道内窥探测仪有两种类型，一是推杆式探测仪（见图6-4-14），二是爬行器式探测仪（见图6-4-15）。

图6-4-14　推杆式 CCTV 管道内窥探测仪

为了保证拍摄的图像清晰，对管道内窥探测仪的主要技术指标有下列要求：

① 摄像机可感光的最低照度为 3 lx；

② 摄像机分辨率不应小于 40 万像素；

③ 图像变形应控制在 ±5% 范围以内。

图 6-4-15　爬行器式 CCTV 管道内窥探测仪

3. 管道内窥探测仪的操作

（1）现场使用管道内窥探测仪时的规定

① 管道应停止运行，且水面不淹没摄像机。当探测仪行进过程中在局部被淹没时，应及时调整探测仪的行进速度，以保证图像清晰度；

② 应校准电缆长度，测量起始长度应归零；

③ 应即时调整探测仪的行进速度。

（2）采用推杆式探测仪探测时的规定

① 两相邻出入口（井）的距离不宜大于 150 m，管径一般不大于 200 mm；

② 管径和管道弯曲度不得影响探测仪在管道内的行进。

（3）采用爬行器式探测仪探测时的规定

① 相邻出入口（井）的距离不宜大于 500 m，管径一般大于 150 mm；

② 管径、管道弯曲度和坡度不得影响探测仪爬行器在管道内的行进。

德国 iPEK 爬行器式 CCTV 管道内窥探测仪主要是由爬行器、摄像头、电缆盘、控制面板等组成，可用于直径为 150~1 600 mm 的管道。其技术参数见表 6-4-2。

表 6-4-2　爬行器式 CCTV 管道内窥探测仪技术参数表

	驱动	六轮驱动，双马达驱动
爬行器	设备	可转向，带后视摄像头和电子可控连接器
	适用管径	DN150 至 DN1600

续表

爬行器	压力密封	1 bar
	可用扩展件	辅助灯，摄像头，升降架
	电源	通过电缆盘 RAX300 或 RMX200
	尺寸（长×宽×高）	310 mm×110 mm×90 mm
	质量	6 kg
摄像头	驱动	电机驱动
	激光指示器	有
	激光距离	50 mm
	压力密封	1 bar
	材料	铝
	分辨率	460 线
	光圈控制	自动与手动
	可感光照度	1 lx
	可视角度	大约 60°（取决于变焦系数）
	聚焦	自动与手动
	光学变焦	10 倍
	数字变焦	12 倍
	平移范围	±135°
	旋转范围	360° 无止境
	照明	LED 照明
	内部压力传感器	通过 VC200 系统状态显示
	平移角度传感器	通过 VC200 符号显示
	旋转角度传感器	通过 VC200 符号显示
	尺寸（长×宽×高）	168 mm×81 mm×72 mm
	质量	1.5 kg
控制器	显示器	触摸式 TFT 显示屏，适用于日光下操作
	图像尺寸	8.4 英寸
	分辨率	SVGA
	电源	直流 15 V/25 V
	尺寸（长×宽×高）	345 mm×238 mm×76 mm
	质量	2.6 kg

续表

	驱动	电机/半自动
电缆盘	电缆长度	最长 300 m
	计数器	1 个（可选用滑轮 2）
	防喷溅	是
	集成滑轮	是
	大型滑轮	否
	电源/电压	115/230VAC50/60 Hz
	尺寸（长×宽×高）	625 mm×368 mm×575 mm
	质量	56 kg

4. 应用案例

2020 年 1 月 20 日在某市采用爬行器式探测仪对 500 mm 供水管道进行 CCTV 管道内窥检测，管道材质为钢管，管道长度为 287 m，检测地点为××大道，检测方向为顺水流方向，见图 6-4-16，图中对管道内部的情况反映清晰可见，主要缺陷有管道焊缝腐蚀、内壁腐蚀、管内杂物等，管道焊缝腐蚀是导致漏水的主要原因。

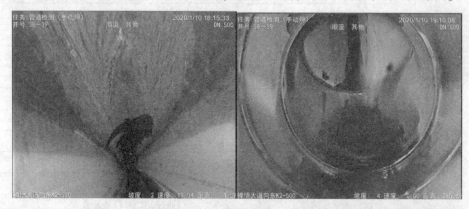

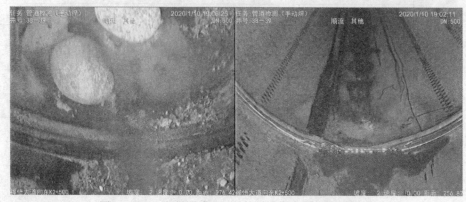

图 6-4-16　爬行器式 CCTV 管道内窥探测仪检测结果

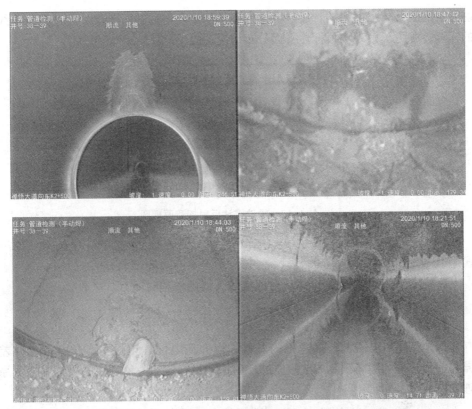

图 6-4-16　爬行器式 CCTV 管道内窥探测仪检测结果（续）

四、探地雷达法

探地雷达法（ground penetrating radar）又称地质雷达法（geological radar），是通过探地雷达对漏水点周围形成的浸湿区域或脱空区域的探测推断漏水异常点的方法，可用于已形成浸湿区域或脱空区域的供水管道漏水点的探测，是一种辅助检漏方法。

探地雷达与对空雷达在原理上十分相似，是基于地下介质的电性差异，向地下发射高频电磁波，并接收地下介质反射的电磁波进行处理、分析、解释的一项工程物探技术。其工作过程由置于地面的发射天线向地下送入一高频电磁脉冲波（主频为数十兆赫至数千兆赫），当其在地下传播过程中遇到不同的目标体（管线、空洞、裂缝、岩土体、溶洞等）的电性介面时，部分电磁能量被反射折向地面，被接收天线所接收并由主机记录，得到从发射经地下目标体界面反射回到接收天线的双程走时 t。当地下介质的波速已知时，可根据测到的精确 t 值求得目标体埋深 Z，见图 6-4-17。这样，可对各测点进行快速连续的探测，并根据反射波组的波形与强度特征，通过数据处理得到地质雷达剖面图像。通过多条测线的探测，则可了解现场目标体平面分布情况。

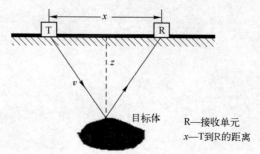

图 6-4-17   探地雷达反射探测原理图

$$z = 1/2 \left(t^2 v^2 - x^2 \right)^{1/2}$$

式中：

t——从发射天线到目标体反射回接收天线的双程时间；

v——电磁波在介质中的传播速度。

1. 探地雷达工作原理

探地雷达以电磁波传播理论为基础，以介质电性（电导率、介电常数）差异为前提，是利用高频脉冲电磁波的反射探测目标体的一种物探手段，其探测原理如图 6-4-18 所示。

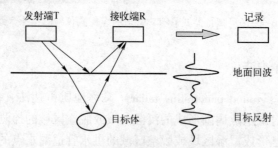

图 6-4-18   探地雷达工作原理

探地雷达主要测量地下界面反射波的走时及振幅等特征，根据接收天线获取的电磁反射波的相位特征、振幅强度和时间的变化规律推断地下介质的性质和结构。电磁波在地下介质的传播速 v，其值为：

$$v = \left\{ \frac{\mu \varepsilon}{2} \left[\left(1 + \left(\frac{\sigma}{\omega \varepsilon} \right)^2 \right)^{-1/2} + 1 \right] \right\}^{-1/2}$$

由于地下介质大多属非磁性、非导电介质，故上式可简化为：

$$v = c / \left(\varepsilon_r \right)^{1/2}$$

式中：$c = 0.3\,\mathrm{m/ns}$ 为电磁波在真空中的传播速度；ε_r 为介质相对介电常数。

由于空气、水、管道及路基土的相对介电常数差异较大，当路基下存在管道及漏水形成浸湿区域或脱空区域时，经计算，其界面处的反射系数远大于0.01，雷达天线可接收足够的反射和散射能量，故可用探地雷达进行探测。

2. 探地雷达应用条件

（1）探地雷达检测漏水时的应用条件

用探地雷达进行漏水检测时，应该具备如下应用条件。

① 漏水点形成的浸湿区域或脱空区域与周围介质存在明显的电性差异。

② 浸湿区域或脱空区域界面产生的异常能从干扰背景场中分辨出来，这与相关规范规定是一致的。

③ 需要探测环境温度应相对稳定，同时要求供水管道埋深不大，根据经验供水管道埋深大于1.5m时，探测相对困难。

④ 探测前，应在探测区或邻近的已知漏水点上进行方法试验，确定此种方法的有效性和仪器设备的工作参数。工作参数应包括工作频率、介电常数、时窗、采样间距等。

（2）探地雷达现场测试条件

当采用探地雷达法探测时，测点和测线布置应符合下列规定：

① 测线应该垂直于被探测管道走向进行布置，并应保证至少3条测线通过漏水异常区。

② 测点间距选择应保证有效识别漏水异常区域的反射波异常及其分界面。

③ 在漏水异常区应加密布置测线，必要时可采用网格状布置测线，并精确测定漏水浸湿区域或脱空区域的范围。

④ 探测时，探地雷达系统应采用通过方法试验确定的工作频率、介电常数、传播速度等参数。当探测条件复杂时，应选择两种或两种以上不同频率（如250MHz或500MHz）的天线进行探测，并根据干扰情况及图像效果及时调整工作参数，以确保取得最佳的探测效果。

3. 探地雷达结构及图像

一套探地雷达设备主要是由雷达天线、控制显示器、电池、连线、推车、测距器组成的，见图6-4-19，技术参数见表6-4-3。

表6-4-3 探地雷达技术参数

性能特点	RD1100™探地雷达系统是一款操作简单方便，定位性能卓越的便携式雷达系统，能清晰对地下特征进行绘图，可进行一键式成像记录，雷达波形与实际土壤类型选择功能获得更高的精度
中心频率	250 MHz
频率带宽	125~375 MHz

续表

显示器	彩色屏幕，7.25英寸
电源	可充电密封铅酸凝胶电池 12 V 9 Ah
工作时间	8 h
工作温度	−40~50℃
最大测深	8 m
质量	23 kg
尺寸	970 mm×1 100 mm×700 mm
防护等级	IP66
适合标准	符合 CE，FCC，ETSI
外壳	坚固冲压铝外壳

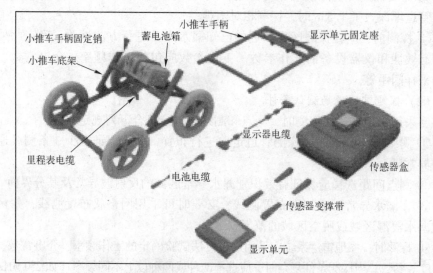

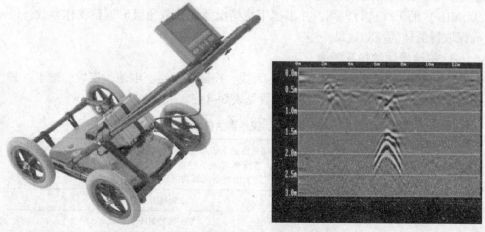

图6-4-19　探地雷达结构及探测结果

在分析各项参数资料的基础上进行资料解释时，应符合下列规定：

① 应按照从已知到未知、先易后难、点面结合、定性指导定量的原则进行分析；

② 应根据管道周围介质的情况、漏水可能的泄水通道及规模进行综合分析；

③ 参与解释的雷达图像应清晰，解释成果资料应包括雷达剖面图像、管道的位置、深度及漏水形成的浸湿或脱空区域范围图。

4. 应用案例

（1）案例一

该案例中探地雷达以剖面法沿路面下供水管顶部测量以查找管道漏水或断裂处。依据实际情况，此次雷达天线中心频率选择为 500 MHz，时窗大小为 60 ns，采样率为 0.3 ns。其雷达实测剖面如图 6-4-20 所示。

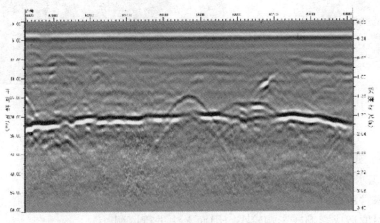

图 6-4-20　探地雷达实测剖面图

可以看出，管道顶部的雷达反射波同相轴明显易于追踪。而在图像中部，其同相轴不连续发生错断，该错断处周围的雷达波同相轴为向下弯曲的弧形，且较为紊乱，与周围土体的相位特征差异明显，据此可判定供水管在此处发生漏水。

（2）案例二

该案例应用探地雷达以剖面法沿路面下供水管顶部测量以查找管道漏水点位置。依据实际情况，此次雷达天线中心频率选择为 250 MHz，其雷达实测剖面如图 6-4-21 所示。

五、地表温度测量法

地表温度测量法是借助测温设备，通过检测地面或浅孔中供水管道漏水引起的温度变化，推断漏水异常点的方法。地表温度测量法可用于因管道漏水引起漏水点与周围介质之间有明显温度差异时的漏水探测，是一种辅助检漏方法。有两种情况，一是在夏季地面温度高于地下温度时，由于地下管道漏水会造成漏水区域地面温度降低；二是在冬季地面温低于地下温度时，由于地下管道漏水会造成漏水区域地面温度升高。此时可采用地表温度测量法探测供水管道漏水，并且应具备下列条件：

管径	雷达探测深度	开挖深度
273	0.48	0.56

图 6-4-21　探地雷达实测现场剖面图

① 探测环境温度应相对稳定；

② 供水管道埋深不应大于 1 m。

供水管道埋深不应大于 1 m 是经验推荐值。供水管道埋深较大时，漏水无法对地表温度造成影响或影响较小，因而无法进行探测。

1. 温度测量仪的基本要求

地表温度测量仪可选用红外测温仪，见图 6-4-22。该仪器应用广泛，适合各种环境，但应用于漏水探测时，红外测温仪应符合下列规定：

① 温度测量范围应满足 -20~50℃；

② 温度测量分辨率应达到 0.1℃；

③ 温度测量相对误差不应大于 0.5℃。

上述这些技术指标要求是根据供水温度、环境温度及探测人员工作环境制定的，可满足探测供水管道漏水造成的温度变化。采用地表温度测量法探测前，应进行方法试验，并确定方法和测量仪器的有效性、精度和工作参数。

2. 地表温度测量法的检测要求

地表温度测量法的测点和测线布置应符合下列规定：

① 测线应垂直于管道走向布置，每条测线上位于管道外的测点数不得少于 3 个/每侧；

② 测点应避开对测量精度有直接影响的热源体；

③ 宜采用地面打孔测量方式，孔深不应小于 30 cm，可剔除阳光、气温等环境因素的影响。

图 6-4-22　红外测温仪

当采用地表温度测量法探测时，应符合下列规定：

① 地表测温法探测时，保证每条测线管道上方的测点不少于 3 个，可保证发现管道不同部位漏水引起温度异常；

② 发现观测数据异常时，应对异常点进行不少于两次的重复观测，取算术平均值作为观测值，可剔除随机干扰及误差；

③ 应根据观测成果编绘温度测量曲线或温度平面图，确定漏水异常点。

地表温度测量法探测地下供水管道漏水时，因漏水引起的温度差异较小，而且受天气、日照等因素影响较大。应用该方法时除了选择适当的温度测量仪器外，要通过试验确定探测时间。

图 6-4-23 为利用地表温度测量法确定地下供水管道漏水部位的实例，经验证明，图中 21.5℃温度等值线闭合圈即为漏水部位。

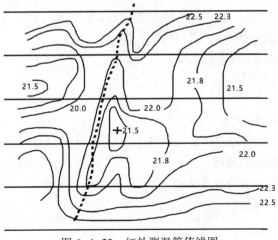

图 6-4-23　红外测温等值线图

六、卫星遥测法

卫星遥测法（见图 6-4-24）是采用 628 km 外太空的遥感卫星对地球表面下的供水管道泄漏进行遥测，推断漏水异常区域的方法。采用较长波段 ALOS-2 雷达卫星对地表进行拍摄后，通过最先进的算法对图像进行分析，然后解译出疑似漏水点的范围（一般 100 m 半径）。针对这些漏水疑似点再通过传统的声学检漏技术在小范围内进行核查，确定是否漏水。这种采用卫星检漏与声学检漏相结合的方法，无须检漏人员上街盲查，只要在卫星探测指定的小区域内检漏，就可及时发现、消除供水管网漏水隐患，减少自来水浪费，缩短现有检漏周期，提高检漏效率。

图 6-4-24　卫星遥测法

ALOS-2 雷达卫星于 2014 年 5 月 24 日升空，L 波段（1 m、3 m 单极化、6 m 全极化、10 m 双极化、100 m），重访周期：14 天。

轨道高度：628 km（赤道上空）。

工作频率：1.2 GHz。

卫星质量：2.1 t。

卫星尺寸：10.0 m×16.5 m×3.7 m。

卫星遥测漏水具有先进性和前瞻性，今后还会继续推广。

1. 卫星检测漏水的流程

（1）卫星检测漏水的服务流程

如图 6-4-25 所示。

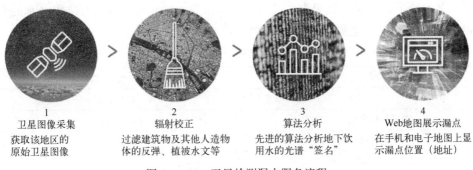

1	2	3	4
卫星图像采集	辐射校正	算法分析	Web地图展示漏点
获取该地区的原始卫星图像	过滤建筑物及其他人造物体的反弹、植被水文等	先进的算法分析地下饮用水的光谱"签名"	在手机和电子地图上显示漏点位置（地址）

图 6-4-25　卫星检测漏水服务流程

（2）卫星漏水检测的整体流程

如图 6-4-26 所示。

1	2	3	4
卫星图像采集和分析	漏水点的报告	实地核查	标注及施工

图 6-4-26　卫星检漏整体流程

2. 卫星检漏的机理

ALOS-2 雷达卫星的穿透性极强，可穿透云层和植被，获取土壤信息。ALOS-2 在当地拍摄时间带：升轨深夜 0 点，降轨中午 12 点。通过分析 ALOS-2 全极化或双极化图像的每个像素的介电常数来寻找"含水量"，见图 6-4-27。

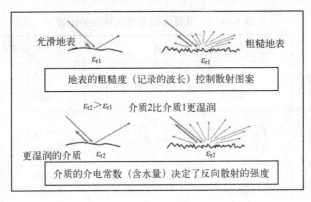

图 6-4-27　卫星检漏的机理

各种介质的介电常数见表6-4-4。其中饮用水的介电常数为两位数（水的介电常数取决于水的盐度），其他都是个位数。

表6-4-4　各种介质的介电常数

介　质	介　电　常　数
烃类	2.1~2.4
聚乙烯烃合成油（PAO）	2.1~2.4
聚醚合成油（PAG）	6.6~7.3
多元醇酯（POE）	4.6~4.8
二酯	3.4~4.3
磷酸酯	6.0~7.1
真空	1.0（作为参照标准值）
金属	无穷
气体	1.000 0~1.010 0（在一个大气压下）
水	87.9（0℃）~55.5（100℃）
己烷	1.886 5（20℃）
环己烷	2.024 3（20℃）
苯	2.285（20℃）
烃类润滑油	2.1~2.4（室温）

3. 卫星检漏的特点

检漏人员可在卫星探测指定范围内检漏。卫星一次过境拍摄后，经算法解译，可制作出每个疑似漏水点（POI）报告。检漏人员只需在每个POI的100~200 m半径范围内核查即可，据国外统计，1次（1景影像）最高可检出3 000个漏点。卫星重访周期为14天，可每月检测1次，1年可检测12次。

卫星检漏与传统检漏的比较见表6-4-5。

表6-4-5　卫星检漏与传统检漏的比较

	传统的声学调查		卫星引导下的声学调查	
漏水检测每人每天查的漏水点数量		1.76个/（人·d）		>6.1个/（人·d）
漏水检测每个漏水点需要每人走的公里数	1个漏水点	3 km/人	1个漏水点	0.3 km/人
调查周期时间跨度		1~4年		每月、每季度、每年

由于雷达卫星可以不受天气、地质环境等影响，可在指定的时间拍摄，而且一次拍摄一幅图像的面积可达约 5 000 km²，因此可以对城市及郊区的供水管网漏水情况在一张图上进行宏观把控，为城镇供水管网维护提供科学的依据和支撑。

4. 示范项目概述

2018 年在某市城区采用雷达遥感卫星开展了供水管网泄漏的检测示范工作，见图 6-4-28。

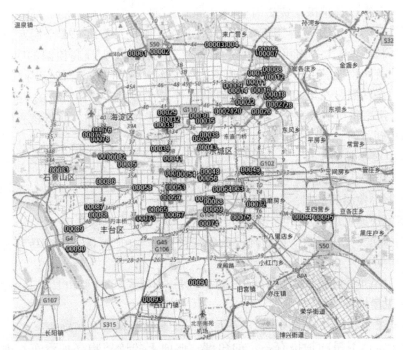

图 6-4-28　卫星遥测结果图

采用 2 期雷达卫星影像的数据分辨率为 10 m，每期为双极化。雷达卫星：ALOS-2。卫星特点：不受天气影响，可穿透植被及硬质地表，获取土壤的含水量信息。根据卫星拍摄状况，可选择使用 6 m 全极化数据或 10 m 双极化数据。

在分析了这 2 期卫星影像并解译土壤中的介电常数后，找出了 95 处疑似漏水范围。客户将 95 处疑似漏水点与管线 GIS 套合，制作以这些中心点为圆心、200 m 半径圆圈内的管网核查图，核查人员依照此图进行了实地核查。

5. 示范项目实施案例

（1）卫星检漏及核查结果

卫星检漏报告 95 个 POI，经现场核查，61 个 POI 有漏，34 个 POI 无漏，正确率 64%，共检出 128 个漏水点。

（2）卫星检漏节水分析

该市供水管网总长度 9 000 km，2017 年漏水浪费 2.1 亿 m^3，按照国际标准平均每 4 km 有 1 个漏水点计算 [20~35 个/（100 km·年）（MacKellar 2006）]，该市约有 2 200 个漏水点，可算出每个漏水点平均浪费水 9.5 万 m^3，此次查出的 128 个漏水点共节约 1 216 万 m^3。

（3）时间效率

卫星 2 次过境拍摄花费 2 周（14 天重访周期），数据分析约 2 周，1 个月内提交报告。95 个 POI 范围，核查用时约 21 个工作日，查出 128 个漏水点，1 个月内现场核查，2 个月内可完成卫星检漏的全流程，大大提高检漏的时间效率。如果按照传统检漏的话，这 128 个漏水点需要约 1 年时间，会持续约 10 个月的漏水。卫星检漏可在 1~2 个月内找到漏水点，可大大节省自来水的浪费。若采用 6 m 分辨率雷达卫星影像，可缩短疑似漏水点半径到 100 m，使得核查时间从 1 个月缩短到 1 周。

6. 卫星检漏的优势

① 范围大、时间短、找漏快速；

② 缩小检漏的范围，方便听漏；

③ 可快速发现漏水，找出漏水点；

④ 不受天气、管材、地质环境的影响（雨季、PE 管材、柏油马路、5 m 深度均可检漏）；

⑤ 卫星重访拍摄周期是 14 天，可做到每个月拍摄一次并出具检漏报告。

7. 卫星检漏的缺点

（1）卫星检漏可找出漏水点，但不能一次拍摄就找出全部的漏水点

由于雷达卫星的拍摄有一定的角度，地面上的遮挡物（如汽车、堆放物）会影响卫星对漏水点信息的获取，一次卫星拍摄只能找出部分的漏水点。如果多次拍摄（如每 1~3 个月拍摄一次），则可获取更多的地面信息，从而可提升漏水点的检漏准确度和漏水点数量。

（2）卫星检漏能提高检漏效率，但不能替代传统的检测方法

使用卫星检漏只能提供疑似漏水点的范围，如 100 m 半径范围内，或者几条线路，无法精准到一个点（1 m 内）。今后随着太空科技的不断发展，雷达卫星的精度会提升，卫星检漏的范围会不断缩小。目前国外在利用管线信息辅助解译时，卫星检漏的范围可准确到 50 m 半径范围以内。

第七章 供水管网漏水原因分析与维修技术

第一节 供水管网漏水原因分析与应对措施

根据《评定标准》中的水量平衡表，供水管网的漏损水量由三部分组成：漏失水量+计量损失水量+其他损失水量，其中漏失水量也是我们通常所说的管网漏失（包括溢水等），通常不得超过综合漏损水量的70%。本节结合调研了解的情况，总结归纳以下13类供水管网发生漏水原因并分析提出了相应的应对措施。

1. 管道拉裂、位移导致柔性接口脱口漏水处置

（1）管道拉裂漏水处理

常见情况有基础沉降、受重压、气温变化导致热胀冷缩等，多种材质的管道均会发生这样的情况，PE等塑料管抗拉性会相对强一些。主要应对措施是加强管道基础垫层、管面覆土层的质量监控，经常受重压位置和薄弱位置须加强保护，钢性连接管道加装伸缩器。

（2）位移导致柔性接口脱口漏水分析及处置

这种情况通常多见于混凝土管、球墨铸铁管、钢筒管等各类承插安装的管材，包括管道橡胶圈（止水环）位移、脱口或反转等原因导致的漏水。外围施工若影响到管道原有基础层也会造成管道位移、下沉、脱口漏水。应对这种情况的做法是：安装时加强管道承插口质量、管道基础垫层质量把控。

2. 管道焊口及管体腐蚀老化穿孔或断裂应对措施

这种情况常见于钢管、涂塑镀锌管、复合钢塑管等金属管道，主要原因是受到污水、沼气或强腐蚀物质腐蚀。为避免因此而导致漏水，要加强焊接质量把控，新装管道做好初次防腐，外露明管要做好定期防腐。施工时避开污水渠和污水横流、强腐蚀物质的地段，或有针对性地选用耐腐蚀的管材。

3. 明装管道、埋地供水管道设施遭受人为或机械损坏

① 明装管道的供水设施被损坏。对于车辆撞坏、压坏、人为恶意破坏的供水设施，日常要注重防护、加强宣传和稽查工作，同样强化事故追责、问责制度，追讨合理赔偿。

② 由于施工损坏供水管道设施的情况比较常见，原因很多，要完全避免确

实难度很大，这不仅与供水企业管理水平有关，更与整个城市综合管理水平有关。应对的方法是：做好管网竣工资料管理，加强管道标识和警示，落实管线巡查，加强与施工单位沟通，强化事故追责、问责制度，追讨合理赔偿，尽最大可能避免漏损。

4. 阀门与水表漏水问题及处理措施

各类蝶阀、闸阀，包括阀体有砂眼或裂纹、阀盖结合面缺陷、阀杆损坏、填料材质或加装不当等都容易造成漏水，所以，一定要选择质量过关的产品，做到规范安装与使用，定期维护。

水表漏水通常分为水表表面结合处漏水、表面玻璃损坏漏水、表体破裂漏水、表前的接头漏水等。一定要严格把关，选用质量高的水表，规范安装，加强巡查与维护。

5. 管道伸缩器、连接配件损坏与管道末端漏水等问题

① 由于管道伸缩器老化、损坏导致漏水的情况如果确实做到合理设计，配备足够数量，选用伸缩量恰当的产品就应能避免。

② 管道连接配件损坏，脱落导致漏损的处置方法。对于管道配件材料质量差、安装不规范、防护不到位及受到各种外力损坏等情况，需要对工程设计的合理性、材料质量、安装质量等进行严格把控。

③ 管道末端漏水的治理措施。由于管道末端堵板质量差，老化破裂导致漏水。所以，要严格材料配件使用管理，包括任何细小部位的材料。

6. 排水口阀有关问题导致漏水及处理方法

（1）自动排气阀故障导致漏水

排气口的密封端面如果使用的是再生胶皮，则会易老化、变形。管路内的杂物进入自动排气阀，使排气端口不能被封闭。必须选用质量过硬的产品，日常维护和管理工作到位。

（2）排水口阀门忘记关闭或被人为打开导致水损

这种情况常见于管道接驳完成后管道冲洗忘记关闭排水阀门，或正常使用的排水口阀门被人为打开。需要完善管道接驳并网流程，推行开关阀门工作票制度，对排水阀尾管加装堵板进行多重保护，并通过建立分区计量监测流量异常。

（3）排水口堵板被盗造成漏水

发生这种情况，通常排水口的阀门也是打开的，堵板一旦被拆走，即会产生大量漏水，所以，要注意排水口的阀门状态应保持常闭状态，同时加强定期巡查。

7. 城市拆迁、废弃管道造成管道受损漏水及处理方法

（1）城市拆迁

当前城市、城乡接合部老旧区改造拆迁现象比较普遍。拆迁工作通常具有随时开工、随到随拆、连续作战、拆完即走等特点。现场供水管道设施在拆迁过程中损坏的概率较大，且容易被拆除物所埋填。

拆迁损坏供水管道，事后跟进往往难度增大，因此要派驻人员同步跟进现场随时对供水管道进行整改。另外可考虑在待拆迁区域进水处安装监控总表，定期观察总表流量变化情况，即时发现异常，即时处理，避免造成损失。

（2）废弃管道老化漏水

这种情况常见于建筑工地早期安装的临时管道，基建完成后没有及时从源头上切断，留下隐患。也有旧管网改造不够彻底留下的少量旧管。

对于这种情况，要对建筑工地的临时管道建立基本台账或档案，全程跟踪管理，停用时要果断清理。对管网改造实行从户表立管到进水主管全部更换的措施，不留下个别残余旧管。

8. 临时安装的短管未被拆除导致老化造成漏水

新建管道一般会隔一段距离安装一根小口径短管，用于管道冲洗试压，由于口径小于新装管道，壁厚自然也比较薄，再加上防腐不足或者没有防腐，事后又没有彻底割平封堵处理，就很容易老化导致漏水。这种向上突起的短管，日后在外围施工时也极易受到机械损坏，一旦破损漏水，维修起来相当麻烦。

所以，在新建管道正式竣工前，应全面清理附着在管道上的各种临时短管、小阀门等，以杜绝后患。

9. 管道暗伤处易发生漏水

这种情况常见于重型车辆的压置，管道变形受损；供水管道旁基坑开挖支护措施不足，造成管道位移；顶管或牵引管道时刮伤管道；挖机铲齿伤及管道表层。以上情况在施工当时对管道已造成损害，但未造成漏水，事后最终会恶化形成漏水。将此专门归于一类，主要是提醒大家注意，一旦在供水管道周边有其他施工作业，就可能发生这些情况。对这类情况一定要加强现场监控，不要认为没有漏水就没有损害。

10. 供水管道、水表等因冻裂导致漏水及处理方法

这种情况通常发生在长江以北地区，有时也发生在南方，如 2008 年初我国南方出现低温雨雪冰冻灾害时。虽然大多数供水管道、设施、水表都做了一些防冻措施，但在极寒天气下，外露的管道和水表也很容易冻裂漏水，同时还会因此而导致停水。为此，对于埋地管道一般都要做足够的深埋防冻处理，针对外露管道，常见办法就是供水管"穿衣戴帽"，用棉麻织物、泡沫或者塑料等物体包裹等。

11. 管材质量发生严重问题，造成成批管道破损漏水

管材质量的问题比较常见，特别是 PE 管、钢管、镀锌管，原材料的质量、加工工艺、出厂质量把控、材料现场验收等环节出现问题，都会导致管材质量问题。表 7-1-1 把常见的几种不同管材导致漏损的原因做了汇总。

表 7-1-1　　不同管材常见漏水原因汇总

漏水原因	钢管	球墨铸铁	灰口铸铁	PE	PVC	混凝土
环境腐蚀	√					
接头漏水	√	√	√	√	√	√
焊缝漏水	√					
横裂	√		√	√	√	√
纵裂	√		√	√	√	
穿孔	√			√	√	
法兰漏水		√	√		√	

建议根据不同情况，要建立完善的材料验收制度，重要的管材每批次验收或送检。加强管材批号标识管理，发现问题尽快查明涉事材料，便于及时追溯处理，避免问题发生。

12. 水池溢流损失，公共消火栓或因水池清洗排放导致水量损失

① 包括市政供水系统中的各种加压站、吸水井、清水池、已接管的二次供水水池的溢流损失，或清洗排放池造成的损失。一定要保障水池水位控制系统装置正常工作，合理安排清洗减少损耗。

② 公共消火栓发生漏水纳入供水企业的漏损。常见情况包括阀杆失效、排水阀漏水，关闭不严等造成。同样，要注意选用质量过关的产品，确保维护、巡检工作到位。

13. 维修质量不合格导致二次漏水

基于上述问题处理以后，重复漏水的另一个重要原因就是：管道维修施工质量差、维修材料或配件质量差，施工方案又失误等，修复后再次发生漏水或短期内复发漏水。对于这种情况要注意：重大维修要科学制定抢修方案，加强维修材料和施工质量监控，避免二次漏水事故。

第二节　供水管道常用维修方法

一、打抱箍快速维修法

对于管道因局部破损造成的泄漏，采用与管径相符的抱箍直接把泄漏点所在管段包裹住，抱箍由两个半圆形管件组成，两侧带密封胶圈，两个半圆形管件通过螺栓固定在管道上，上紧螺栓压紧橡胶圈，将漏水点控制在抱箍内，完成维修。具体效果见图 7-2-1 和图 7-2-2。

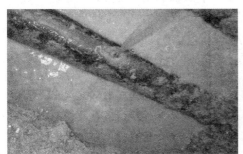

图 7-2-1　漏点状况　　　　　　　　　图 7-2-2　打抱箍维修

二、AB 胶黏结法

AB 胶黏结法用于管件和管材出现小面积的渗水或轻微漏水时，其具体步骤为：首先将供水管道内的水排净，并将损坏管件及其周围均擦拭干净，待损坏部位干燥以后，再用粗砂纸将其打毛并擦净，最后将 AB 胶迅速搅拌均匀后涂抹在损坏部位并包裹好。

三、打补丁法

打补丁法用于小口径管道或管件出现小面积的轻微渗漏时，其具体步骤为：首先排净供水管道内的积水，并保持工作面的干燥洁净；然后另取与损坏管材规格相同的一段合格管材，并将其沿轴向刨开后取其一半，使其长、宽均略大于损坏处的长度；再用砂纸将其打毛，并在工作面上涂抹黏结剂，最后将准备的好管材迅速黏结在损坏处，并用卡子紧固好，维修完成。

四、管箍黏结法

管箍黏结法适用于 DN200 以下供水管道的维修，其具体步骤为：首先将管道破损的部位锯断，两端打坡口，端口要平齐，取出损坏的管段或管件，将管道内的水排净并擦拭干净；待管材干燥后，在管材外侧、管箍内侧分别沿轴向顺时针进行黏结剂涂抹，然后将管材抬起对准管箍，迅速放平并准确插入管箍内；最后将管箍垫起并保持管材水平，待黏结剂固化后再进行回填。

五、法兰接头法

法兰接头法同样适用于 DN200 以下的供水管道维修，其具体步骤为：首先将管道破损的部位锯断，两端打坡口，端口要平齐，取出损坏的管段或管件，将管道内的水排净并擦拭干净；待管材干燥后，分别将法兰盘套进管材内，并在管材的外侧、法兰接头的内侧涂抹黏结剂；然后将管材抬起并分别插入法兰接头内，再将管道放平，最后将法兰盘两侧垫起并保持管道水平，待黏结剂固化后在两法兰盘间放置法兰垫片，并用螺栓将其连接在一起后再进行回填。

六、双胀管接头法

双胀管接头法同样适用于 DN200 以下的供水管道维修，其具体步骤为：首先将管道破损的部位锯断，两端打坡口，取出损坏的管段或管件；然后将胶圈放置在胀口头，将管材两端抬起并对准双胀管接头；同时再将管材往下放直至管材水平；最后用塞尺检查胶圈是否被顶翻。

七、自制管箍法

当施工现场没有备用管件时，可采用自制管箍法来进行 DN200 以下、压力 0.6 MPa 以下的供水管道的维修。其具体步骤为：首先将管道损坏部位锯断并取出，再用与损坏部位规格相同的一段合格管材，其长度为锯断的管段长度加上两个插入长度；然后将管段一段均匀加热，等管材软化后，再将管道的一端迅速插入已软化的管材内；待管材冷却后，将管段拔出来，这就等于自制了一个直胀口；继续采用同样的方法，把管材的另一端也制成直胀口；然后将插口端打坡口后沿外壁轴向和直胀口轴向进行黏结剂涂抹，最后将管材抬起、放平，将管材连接在一起。

八、供水管道维修时限

维修时间的长短直接影响漏失水量的多少，因此快速维修也是漏损控制的关键。《城镇供水管网运行、维护及安全技术规程》（CJJ 207—2013）对维修时间有如下规定。

供水管道发生漏水，应及时维修，宜在 24 h 之内修复。

发生爆管事故，维修人员应在 4 h 内止水并开始抢修，修复时间宜符合以下要求：

① 管道直径 DN 小于或等于 600 mm 的管道应少于 24 h；

② 管道直径 DN 大于 600 mm，且小于或等于 1 200 mm 的管道宜少于 36 h；

③ 管道直径 DN 大于 1 200 mm 的管道宜少于 48 h。

第八章 漏控成果报告及漏损控制队伍管理与建设

前面的章节基于分区计量系统管理，比较详细地叙述了各种漏损控制方案，下面介绍漏控成果报告的形成与编制。

我们所说的漏损控制，实际上也是漏损的"系统治理"问题。依据《评定标准》中的水量平衡表，漏损水量包括漏失水量、计量损失水量和其他损失水量。同理，漏损控制报告也应包括这三方面的内容。

第一节 漏失水量检修成果报告

一、检漏成果检验

这里所说的漏失水量根据《评定标准》要求不得超过总漏损水量的70%。

漏失水量主要指管网漏失，包括水箱、水池的溢漏水量。但在供水企业水箱、水池的溢水一般不被记载。这里我们叙述的成果检验主要指对检漏成果检验。

检漏成果检验通常情况均是采用实地开挖等手段，对供水管道漏水探测确定的漏水异常点实施验证的过程。供水管道漏水探测应通过开挖验证，计算漏水点定位误差和定位准确率等方式进行成果检验。这里提及的成果检验不同于过程质量检查，是由探测和委托双方共同参与的一项工作，是探测工作的组成部分。成果检验是通过开挖方式验证探测成果，根据探测提供的漏水异常点，组织相关人员实施开挖，确定漏点定位误差和准确率。定位误差用实地漏点平面位置与探测确定平面位置比较，而准确率是在全部漏水异常点开挖验证后计算得到的，可按下式进行计算：

$$\delta = (n/N) \times 100\%$$

式中：δ——探测的漏水点定位准确率，%；

n——经检验证实的探测漏水点数量，个；

N——探测确定的漏水异常点总数，个。[1]

---

[1] 引用自《城镇供水管网漏水探测技术规程》（CJJ 159—2011）。

此外，对于开挖验证确认的漏水点，应现场拍摄并保存漏水点的影像资料，并计量漏水量。

关于供水管道漏水量的计量，可采用经过确认的方法。目前通常采用的方法有：计时称量法（容积法）、计量差计算法和经验公式计算法。

1. 计时称量法（容积法）

漏点开挖后，在正常供水压力下，用接水容器（水盆、水桶、塑料袋）或挖坑等方式接收从漏水点流出的管道漏水，同时用秒表等进行计时。计算出单位时间内的漏水量，换算成 m^3/h，即可得到漏点的漏水量数据。为提高结果精度，可以多次测量取平均值，通常为三次。

2. 计量差计算法

对一个单位，可根据漏点修复前后水表最小流量之差计算漏水量。对一个城市，可根据测漏前出厂总最小瞬时流量与全部漏点修复后的总最小瞬时流量差计算漏水量。

3. 经验公式计算法

根据漏点面积和漏水压力按下式计算漏水量：

$$q_v = C_q A \sqrt{(2gH)}$$

式中：q_v 为漏水量，单位为 m^3/s；C_q 为流量系数，若漏点为薄壁孔口 C_q 取 0.62，若漏点为厚壁孔口 C_q 取 0.82；A 为漏点破口面积，单位为 m^2；g 为重力加速度，$g = 9.8\,m/s^2$；$H = 10 \times$ 漏点内外水压差（m）。

开挖人员验证后，将对应漏水点信息填写入表 8-1-1，双方人员签字确认。验证结果是成果报告的重要组成部分。

表 8-1-1　供水管道漏水检测漏水点记录表

填表日期　　　年　　　月　　　日

漏点编号		漏点位置	
管材		管径/mm	
管道埋深/m		管道埋设年代	
地面介质		管道破损形态	
检测方法和使用仪器简要说明：			

续表

漏水异常点简要说明（附位置示意图）
开挖验证相关说明（漏水点照片，漏水点定位误差，计算漏水量等）

开挖验证日期　　　　年　　月　　日

检测人（签字）：　　　　　　　　　　　复核人（签字）：

二、漏控成果报告

漏损控制成果报告分为以下三部分。

1. 供水管道漏水检测成果报告

供水管道漏水检测作业和成果检验完成后，应编写供水管道漏水检测成果报告。成果报告是漏水检测工作的技术总结，是研究和使用工程成果资料，了解工程概况、存在的问题及纠正措施的综合性资料。因此，城镇供水管道漏水检测工程结束后，作业单位应编写检测成果报告。

检测成果报告应在检测工作作业结束和成果检验后进行编制。编制目的在于对整个检测工作过程进行全面总结，提出合理化建议，建议可以包括管理、维护维修及改造等内容。

① 工程概况，应包括工程的依据、范围、内容、目的和要求，人员、仪器设备及计划安排，漏水检测区域的基本情况，检测工作条件，相关检测工作量和开竣工日期等。

② 检测方法和仪器设备，检测作业依据的标准。

③ 检测质量控制措施及复查方法。对于已经做了分区管理的测区，根据分区内压力、流量的分析结果，发现漏水迹象即时派检测人员检测并反馈给系统分析工程师；对于未实施分区管理的区域采取互检的方式进行，并设置相应的奖惩措施。

④ 漏水检测成果及成果检验。

⑤ 存在的问题及处理措施。

⑥ 供水管道漏水状况分析。

⑦ 检测工作相关记录、数据和资料。

⑧ 相关附图与附表。

⑨ 结论和建议。

2. 泄漏修复结果报告

泄漏修复结果报告示例表见表 8-1-2。将该表和表 8-1-1 供水管道漏水检测漏水点记录表进行综合分析，不仅有利于 GIS 系统的维护，同时也有利于对维修队伍的维修质量的考核。

表 8-1-2　泄漏修复的结果

序　号	结　果	改　善　措　施
1	检测到漏点并已修复：夜间流量下降的量符合预期	不需要
2	检测到漏点并已修复：夜间流量下降的量低于预期	进一步调查夜间用水，调查压力降低的可能性
3	检测到漏点并已修复：夜间流量没有下降或反而增加	考虑对主管路/供水管路进行更换，在分区区域中查找新的漏点，调查压力降低
4	检测到漏点并已修复：夜间流量下降之后又上升了	在分区区域中查找新的漏点，调查压力降低，考虑对主管路/供水管路进行更换
5	在夜间流量损失高的很长的主管路上未检测到漏点	进一步调查夜间用水，调查压力降低 考虑对主管路/供水管路进行更换
6	修复点经纬度及地址	已报 GIS 系统

3. 计量误差及其他漏失处置报告

关于这一部分漏失水量，根据各供水企业具体情况，占总漏损水量的比重各有不同，这主要取决于供水企业本身的整体管理水平。为了能确实把漏损率控制在 10% 之内，在实施分区计量系统以后，要如实填报，统筹"系统治理"漏损。

表 8-1-3　计量漏失及其他漏失处置表

漏损原因	是否存在	占漏损比例	处置方法
计量误差造成的漏失			
未注册用水造成的漏失			
水表抄收造成的漏失			
表务管理造成的漏失			
其他管理因素漏失			

第二节　漏损控制队伍的建设与管理

在第五章中已经比较详细地介绍了实施分区计量系统中新型管理模式的建立。在新型的管理模式中各类漏失控制人员都在相应的部门中，而检漏队伍和维修队伍的管理和组织相对比较独立。其他有关漏失的处置人员及其职责这里不再复述，但是对于传统的检漏队伍有必要重提，因为检漏的周期和服务的方式发生了变化。

一、检漏队伍建设

1. 检漏人员素质

随着科学及技术的发展，检漏技术及仪器越来越先进。因此检漏人员应具备如下条件：

① 必须掌握分区计量系统知识，且能够随着数据的引导快速跟进；

② 检漏人员应具备大专以上学历，虽然事实上也有高中毕业的；

③ 应具备吃苦耐劳的敬业精神，事业心强；

④ 要善于学习，不断探索和实践、积极总结检漏经验。

2. 检漏队伍人数

要根据总公司和区域供水管理所建制的实际情况，平衡计算检漏人员的数量。在建立了分区计量系统以后的供水企业，可以由原来的一般每 150~200 km 的供水管道配一组（一般 2 人）检漏人员，逐步向根据漏损水平配置人员靠拢，专人专职负责。

3. 检漏人员任务和职责

在建立了分区计量系统的供水企业中，检漏队伍毫无疑问要服从系统分析工程师的指令，尽快查出各种漏点。在还没有实施分区计量系统的供水企业中，要坚持按照下列要求执行。

① 在有条件的地方要采取主动检漏法，即不只是对已发现的明漏简单定位，而是要检测未冒出地面的暗漏，把暗漏检测作为检漏队伍的主要任务；

② 熟悉本地区管道运行的情况；

③ 熟练掌握检漏仪器和管线定位仪器；

④ 熟练掌握常规检漏方法；

⑤ 负责本区巡回检漏；

⑥ 负责仪器的维护和保养；

⑦ 遵守检漏人员规章制度；

⑧ 做好检漏记录，填写报表，并编写检漏报告。

需要注意的是，要尽可能提高检漏人员的检漏技术，达到一人能够使用多种检漏设备与方法，便于适应未来对检漏人员的技术和能力的要求。

4. 合理选配检漏仪器

各供水企业的地理、经济及技术条件不同，选用的仪器也不同，要根据自身的具体情况合理选配。从地理情况分析，南方管线埋设较浅，通常情况下，用听漏仪可解决70%的漏水。而北方管线埋设较深，漏水声较难传到地面，起码要选用普通相关仪或者多探头相关仪，在配置时，必须充分考虑管网的长度和供水量的多少。随着社会的发展，为适应分区计量系统的实施，原则上，直辖市、省会城市及经济发达城市的供水企业要加配多探头相关仪、在线渗漏预警与漏点定位系统、渗漏预警系统等，当然也包括管线仪，井盖定位仪。在这里尤其强调的是，已经实施了分区计量系统的供水企业，要适当加配在线渗漏预警与漏点定位系统，因为它能起到事半功倍的效果，能为更快地降低漏耗、实现规模化降损，确保把漏损降到国家要求的目标提供前提条件。

5. 加强检漏队伍人员的培训

检漏是一项综合性的工作，配备了检漏仪器，选择了合适人员，随之而来的是对检漏人员进行技术培训，更要培养检漏人员吃苦耐劳的敬业精神。培训的主要内容有：

① 企业文化；

② 分区计量系统基本知识与检漏规则的转变；

③ 检漏相关仪器的实际操作培训，包括检漏方法的培训；

④ 检漏流程及任务分配；

⑤ 与可能会涉及的部门人员的有效沟通及可能出现问题的处理方法；

⑥ 漏损控制报告的编写要求。

6. 选择有效的检漏方法

虽然供水行业检漏的方法较多，但一般情况下以下五种应用较多：

① 听音法；

② 相关分析法；

③ 在线渗漏预警与漏点定位系统；

④ 噪声法；

⑤ 气体示踪法。

二、检漏队伍管理

为科学、合理地管理和使用仪器，发挥仪器的最大效能，需制定一套科学、合理的人员与仪器设备管理制度。

1. 制定日常管理制度

为了保证仪器设备的正常使用，所有仪器设备由设备管理员统一保管，检漏人员外出检漏时须填写"检漏仪器设备出库单"交由设备管理员备案。检漏仪器设备出库单见表8-2-1。

表8-2-1　检漏仪器设备出库单

借用人	
日期	年　　月　　日
仪器名称	
使用地点	
使用时间	年　月　日— 年　月　日
设备管理员/检验人签字:	
归还时间	年　　月　　日

此外，仪器设备使用人员应严格遵守下列规定：

① 出库时检查仪器的各项功能是否完好，能否正常使用；

② 使用过程中要轻拿轻放，经常擦拭保养；

③ 外业期间各台组使用仪器的安全和保养由各台组长负责；

④ 使用完毕应放入仪器箱，不能乱扔乱放；

⑤ 外业期间如发现仪器损坏或无法正常使用应及时汇报；

⑥ 检漏结束，仪器经设备管理员检查无误后方可入库。

2. 制定考核指标

主要考核指标如下。

① 暗漏检出率（检出的暗漏与修漏总数之比）应大于60%。在水泥或坚硬路面下的水管，因旁边有下水道等其他管道而形成良好通道时，很多漏水冒不出地面。因此衡量检漏实效，除了找到多少漏水外，暗漏自报率是一个重要指标。所谓暗漏自报率是在整个修漏次数中，检漏队伍找到的水未冒出地面的暗漏所占的比率。比率越高，实效越好，水平越高。比较好的是超过75%。另一个指标是漏水自报率（即由检测队伍和公司职工发现的漏水占整个修漏次数的比率）。

② 检漏准确率（检漏人员报的地点与实际漏水点的距离在 1 m 之内的比例）应逐步提高，最好大于95%。

当然也有用漏水量作为考核指标的，也有用产值作为考核指标的，不管以什么形式，上述两个重要指标是需要的。

3. 制定检漏周期

对于已经实施了分区计量系统的供水企业，要按照系统分析工程师的指令执行检漏工作。对于没有实行分区计量系统的供水企业，按以下方法制定检漏周期。

管道漏失率是有周期性的，季节的更替与检漏的间隔周期都与管道的漏失率有直接的关系。一般认为，季节的更替会引起水温的变化，从而引起管道的热胀冷缩，容易导致管道泄漏。另外，管道上的漏点经修复后，随着管道的不断老化与水压的提高，许多薄弱环节易再次发生漏水，这称为漏水复原现象。因此，制定合理的检漏周期尤为重要。一般将整个管网分成三个区域，每个月检测一个区域，这样就能保证每个区域每个季度检测一次，从而能及时发现新发生的漏水点，有效地将管道泄漏控制在低水平。

4. 在检漏过程中应注意的问题

选用何种检漏方式，要根据所处的地理位置情况及选用的仪器设备而定。无论选用哪种检漏方法，在去现场检漏前，一方面要清楚地了解地下管线的实际走向、材质、管径、埋深、水压及使用年限。另一方面要合理选择检漏仪器；对所携带的仪器预先要进行检查，看是否有问题，如电池电压是否符合要求，接线是否正确，有无故障等；其他检漏工具是否备齐。

此外，还应注意如下问题。

① 如果遇多年未开启的井盖要用四合一检测仪检测，证明井中无毒气时，方可下井操作。

② 在市区检漏时一定要注意交通安全，应放置警示牌，穿上警示背心。

③ 对某些漏点难以定位需用打地钎核实时，一定要用管线定位仪查清此处是否有电缆。

④ 注意保持拾音器或传感器与测试点接触良好。

各类检漏仪都有其自己的特点、性能及使用范围，就地面听漏仪而言，绝大部分管道漏水时用地面听漏仪均能听到漏水的声音，并准确找到漏水的地点。但有一少部分漏水点听测起来有难度，甚至难度较大。主要原因是漏水声传不到地面上来。

对于漏水声不能传到地面的漏点，最好用相关仪测试，可快速准确地定位漏点，比用地面听漏仪要快得多。

积累经验是十分重要的，每次检漏都要有原始记录，把有关数据记录下来，数据积累到一定数量后，可用统计分析方法找出其规律性，不断提高检漏效率。

　　总之，地下管道漏水情况十分复杂，有时要依靠各类检漏仪器和人的经验去判断，甚至有时还要借助于其他辅助手段进行判断，才能取得最佳效果。操作人员不能死记规程，要把规程和仪器性能融合起来应用。

5. 检漏设备的配置

　　针对目前我国供水企业的实际情况，建议各供水企业根据各自的实际情况配置相应的检漏设备。供参考的设备配置方案见表8-2-2。

表 8-2-2　设备配置方案

序　号	名　称	建议配置数量
1	听音杆	人手1根
2	听漏仪	每组1台
3	相关仪	套
4	多探头相关仪	套
5	在线渗漏预警与漏点定位系统	套
6	渗漏预警系统	套
7	金属管线定位仪	台
8	路面钻孔机	台
9	勘探棒	根

　　以上设备的配套数量根据具体情况确定。关于非金属管线定位的配备，各单位视自己的具体情况而定。

第九章　大数据下的管网改造

第一节　信息化系统建设对供水企业的影响

国务院 2016 年 12 月 15 日发布了《"十三五"国家信息化规划》。该文件中明确指出"十三五"时期是全面建成小康社会的决胜阶段，是信息通信技术变革实现新突破的发轫阶段，是"数字红利充分释放的扩展阶段""信息化代表新的生产力和新的发展方向，已经成为引领创新和驱动转型的先导力量""加快信息化发展，深度参与全球经济治理体系变革，适应把握引领经济发展新常态，着力深化供给侧结构性改革""构建统一开放的数字市场体系，满足人民生活新需求""统筹网上网下两个空间，拓展国家治理新领域，让互联网更好造福国家和人民，已成为我国'十三五'时期践行新发展理念、破解发展难题、增强发展动力、厚植发展优势的战略举措和必然选择"。

现在我国已经进入"十四五"阶段，社会信息化水平将更加持续提升，网络富民、信息惠民、服务便民深入发展是信息规划中的要求。供水系统是城市生存、发展的基础，供水事业的发展与城市社会经济发展及人民生活息息相关，其服务质量不仅关系供水企业自身的利益，也直接影响社会的稳定和政府形象。我们必须充分认识到，随着时代的发展，作为供给侧要从基础设施做起。建设和应用好信息管理系统，为自身发展及便民服务充分展现信息系统的作用，包括在管网改造方面做好决策支撑、节能降耗、提高资金使用率。

第二节　传统的管网改造依据

地下管网改造是一大重要工程，关系到民生安全用水问题。众所周知，不少旧城区的供水管道由于敷设时间早，缺乏相关资料和信息，导致了日常管理工作开展困难。且管网材质落后，有些已老化锈蚀。这些都造成了各种供水问题的发生，包括爆管事故增加、漏水量上升及水质污染等。因此对旧城区的管网改造已经势在必行。

一、管网改造依据

目前，管网改造的依据还是以使用年限定性为主。大家都知道，从国家到地方都很重视管网改造，都在逐级抓紧落实。各个不同省份按照各自区域的不同，对管网改造要求自然也不同。比如有的省份要求供水企业重点改造公共管网中运行年限 40 年以上或局部漏损严重、管材劣质的老旧管网，因城市建设、道路提升改造、旧城（含城中村）改造等需改造的市政管网，一并谋划实施。但在工作落实中除了定型预算以外，其实还有不少有待解决的实际问题。

有的省份还提出，通过分期、分步实施市政老旧管网改造，有效解决管网受损失修、漏损严重、爆管裂管等问题，消除市政管网安全隐患；确保到一定时期地方供水管网老旧管网改造率达 80% 以上，其中各市、县每类现状市政老旧管网总量不足 10 km 的，改造率要达到 100%，总之，要实现"应改尽改、能改尽改"。

二、管网改造须重视的工作

由于多年积累遗留下来的问题，一些地区，尤其是偏远地区，不清楚地下管网的走向和管材材质。尽管有的做过普查，也建立了 GIS 系统，但是由于对 GIS 系统日常维护不到位，所以导致系统数据与实际情况出入大的问题。因此，有不少地方政府部门也多次强调：旧城区管网改造时，要统筹制定旧城（含城中村）改造与管网改造年度计划，确保旧城改造时同步改造片区内公共老旧管网设施；做好管网改造和道路改造的时序衔接，力争老旧管网改造与道路改造同步推进。

但有时在实际施工中仍然不能科学推进项目施工。虽然要求检测分析外部自然环境和管道内部运行环境，全面预测改造风险，制定安全风险防控工作方案和应急预案，项目施工严格遵守管道工程施工规范，强化施工质量监管，严把管材质量关口，杜绝劣质管材入地等，但实际上风险的频度与严重程度仍然不低。所以，必须引入新的理念，引入新的技术，以数据为依据制定管网改造计划，尽可能避免人为因素。

第三节　GIS 系统的智慧化建设是实现科学改造管网的基础

习近平总书记关于工业和信息化工作发表的重要讲话，指出要抓住信息化发展的历史新机遇，推动信息领域核心技术突破，发挥信息化对经济社会发展的引领作用，为我国网信事业发展指明了前进方向。

目前，供水行业实际上已经在供水系统的建设方面应用了智能化工具，即信息化的生产工具。比如在供水管网上安装流量、压力、噪声监测仪器仪表，这些工具都具备信息获取、信息传递功能，也具备信息处理、信息再生、信息利用的功能。与智能化工具相适应的生产力称为信息化生产力，这正是我们进行管网改造的基础生产力与工作依据。

　　GIS 系统是我们实现科学管网改造的依据，供水行业应该逐步建立和完善 GIS 系统并且把它纳入日常运营管理中，关于 GIS 系统本身在第四章已有论述，这里不再叙述。

一、抓好信息化管理是管网改造实现以数据为依据的基础

　　信息化管理是企业为了达到其经营目标，应用信息、数据促进和替代人工管理，实现科学经营的一种技术手段。信息化是手段，运营是关键，实现企业价值的最大化是最终目的。GIS 系统是供水企业重要的信息系统之一。我国早在 20 世纪 90 年代就要求大力建设 GIS 系统，不少企业为建立地下管网，包括供水管网，都投入了不少资金建设了 GIS 系统。可遗憾的是并没有把 GIS 系统的日常运营维护抓起来，而是搁置起来，结果导致重新建设、重新投资。因此，供水企业务必借前车之鉴重视信息系统的日常管理、运营维护，以利于发挥信息系统的生产力及其经济价值。使信息系统的日常维护成为常态，并且列入必不可少的日常业务管理内容中。

二、依据 GIS 数据确定管网改造管段

　　信息化不只是简单地用 IT 工具来实现传统的逻辑，当信息系统与现行的管理制度、组织行为发生剧烈冲击和碰撞的时候，当需要现有的管理层面，甚至企业治理结构层面进行改革创新时，需要通过信息化带动企业管理的创新，站在企业战略发展的高度，重新审视过去积淀的企业文化、企业理念、管理制度、组织结构，将信息技术融入企业新的管理模式和方法中。对 GIS 系统亦应如此。建立它、应用它、让它为企业管理、政府管理服务，就应该把 GIS 系统的维护和日常管道维修结合起来。凡是经过维修的管道，或者新增加的管道，都要纳入原有的 GIS 系统，并且把变更的属性注明。比如，检查到的漏点，要把它维修后的相关数据记录在案。可以应用国家"十二五"课题"供水管网漏损监控设备研制及产业化"的成果之一 wDMA 系统，或者其提升版本 DOMS 中的功能，在维修完成后直接把维修点的有关管道数据更新输入 GIS 系统中；并定期统计分析、报告各有关管段每公里的漏点数，依据每千米漏点数确定哪些管段须要更新改造。例如，起初参照国外统计数据：漏点达到 3 个/km 就要列入改造计划，根据中国的情况，可以按照单位时间和管长来定，比如漏点每年达到 12 个/km 就可以纳入管网改造计划。反之，其他小于这个数量的可以延续使用。

　　因此应用 GIS 系统确定管网改造的管段，必须要强化 GIS 系统的管理、日常

维护与提升，并使其常态化。

三、实现 GIS 智慧化动态信息系统

信息化管理应是一个动态的系统和一个动态的管理过程。企业的信息化并不能一蹴而就，而是逐渐完善的。企业内外部环境是一个动态的系统，企业管理的信息化系统软件也要与之相适应。管理信息系统是与企业的战略目标和业务流程紧密联系在一起的。不少信息系统都是在不断应用过程中实现其创新作用的。比如 GIS 系统最初的应用与现在的功能就发生了重大变化。随着全球信息化的发展，随着我国"十三五"对信息规划的实施，供水行业日常应用的信息系统必将发生深刻的变化，甚至有可能产生机器人之类的功能的变革。对于信息系统，在日常应用中应不断提出相关应用问题，促进 GIS 系统向智慧化发展。比如，它完全可以实现自动预警、实时报告、遇事提问，以及管理和维护的有关功能，，促进供水行业在管网改造中有数据可依，甚至深挖数据，引导管网建设、选择位置等多种可能。

第十章　供水企业未来发展展望

在《国际水协 IWA 数字水务白皮书（二）》中指出，"为了提高可持续性，加大水资源保护力度，水务公司开始制定创新战略，以便提高消费者参与度，重塑人们的用水观念。研究和案例都显示，要让消费者更乐于改变用水习惯，就要将新战略设计得易于部署和实现，尽量降低节水行为对消费者日常生活习惯的影响。"

纵观国内外对供水企业的期望，回顾和展望国家"十一五""十二五""十三五"水专项的深远意义与现实效果，包括对数字化、智能化、智慧化的规划，对分区计量系统建设的指导与漏损控制目标的要求，可以看出未来供水行业的发展前景，即实现三位一体系统化建设，这将是未来的常态。所谓三位一体系统化建设主要指：信息系统化建设，分区计量系统化建设，组织架构系统化建设。

一、关于信息系统化建设

"数字变革已经席卷了市场，未来产业、数字经济深刻地改变着消费者与商品、服务供应商的互动方式。供水企业应该抓紧打好数字基础，打造数字文化，以便更好地适应未来。"[①]

我国十八大报告明确将"信息化水平大幅提升"作为全面建成小康社会的目标之一，将信息化作为加快转变经济发展方式的重要途径，作为推进经济结构战略性调整的重要内容与手段。十八大报告提出的"推进信息化和工业化深度融合""建设下一代信息基础设施，发展现代信息技术产业体系，健全信息安全保障体系，推进信息网络技术广泛运用"，为信息化工作与发展指明了方向，提出了明确要求。信息化建设已经进入了新时代中国特色社会主义建设的方方面面。对供水企业的信息化要求主要体现在下列几个方面。

1. 供水企业应该做好具有后勃发展的"信息系统化"建设规划

供水企业应借助原来的信息化基础，抓好信息系统的"顶层设计"，且顶层设计起码要适应未来十年的信息发展。供水企业要站在集团或者总公司甚至更高的角度，把智慧水务系统划分为几大功能模块，对信息平台、数据结构进行统一设计、统一要求，动手越早，挽回的经济损失越多，企业的综合实力水平的提升效果越明显；否则日常的零散建设需要投入资金和人力更多。

---

① 引用自《国际水协 IWA——数字水务白皮书（二）》。

2. 要注意解决信息系统化建设方面的误区

随着社会的发展，不少供水企业确实建设了应用信息系统，如 SCADA 系统、GIS 系统、营销系统、抄收系统、水力模型、水锤分析系统，分区计量漏损监控运营管理系统等。但供水企业的信息化基础仍比较薄弱，客观上仍存在不少信息孤岛，且数据的一致性也比较差。因为，这些系统本身一般来说都是分别建设、分别应用、分别维护的。信息系统之间数据库结构和数据结构存在比较大的差异，为数据联动应用带来了比较大的困难。例如实现供水漏损控制目标过程中，至少涉及 6 个信息系统，需要信息系统之间联动、数据交互，且数据结构保持一致。所以，如果不站在供水企业高度，做好顶层设计及各信息平台之间互联的设计，就会出现严重的数据不一致性问题，从而严重影响分析结果及其应用。

3. 要制定好总公司信息平台与子系统平台之间的协议

对于大的供水企业，由于部门多，可能会出现信息系统管理和应用分散的情况。尽管各部门都在建设自己的系统，但是如果是在统一顶层设计要求下建设的，而不是各行其是，就不应该造成未来数据的不一致性。

总之，要强调总公司的顶层设计，以及对各子系统的要求与规范，搭建好平台与各子系统之间的协议。

二、关于分区计量系统化建设

分区计量系统化建设这里不再复述，但是要强调以下五点：

① 站在总公司的高度，把分区计量工作作为一个系统问题来处理，制定好分区原则。

② 编制分区计量系统建设规划与建设计划。

③ 严格按照第五章中"分区计量系统实施流程"，建设分区计量系统。

④ 把 DOMS 系统的应用与管理，同 SCADA 系统一样作为日常工作予以重视。

⑤ 供水企业下设的营业所或者区域供水管理所的数量，要和分区计量系统中 DMZ 的建设数量保持一致，或统筹增减。具体建制原则见第五章。尤其需要注意的是，这里说的区域供水管理所，不是原来行政概念意义上的管理所，而是一种新的理念，与管网分区计量结合在一起，这样便于经营管理与考核。在这里需要强调的是，分区计量系统化建设虽因漏损控制而产生，但它起的作用确实也渗透到了供水企业的全面管理中。

三、关于组织架构系统化建设

随着我国政府对信息系统、智慧水务、智慧城市及分区计量系统建设要求的不断深化，从管理原理与理念的角度出发，自然会引发管理架构的改革与调整，实际上就意味着相关部门、企业，包括政府机关相应组织架构、管理机制、运营流程等方面的理念变革、架构调整和变革向深层次延伸。

比如，信息系统的建设会涉及信息管理部门的建立与强化，包括安全部门工作内容的调整，因为信息安全至关重要。对信息系统建设涉及的单位也有严格的要求，这些也是新型的工作内容。又比如在管网上增加了常设的、主动的泄漏监控系统，从表象上看是属于漏损控制、水损监测和监测技术问题，但是，供水单位所采用的监测仪表必须是国产的，理由很简单——为保证信息安全（见2021年6月10日《中华人民共和国数据安全法》），这一点使采购部门工作内容的增加，即增加了对设备供给单位进行审查的工作。同时要充分注意到，应用分区计量系统进行漏损控制与原来传统检漏队伍的检测方式有本质上的区别。检漏队伍是实施分区计量系统之后必须具备的部门之一。但是检漏队伍在工作方式、工作效率、取得的效益方面都得到了极大的改善和提升。因为供水企业的系统分析工程师，按照DOMS系统得出的数据分析结果，不断指挥检漏队伍进行检漏和维修工作，到达监测结果指出的分区区域，直至管段、漏点位置去确认检测漏点，而不是原来盲目的周期检漏方式。分区计量系统的建设功效不仅仅在于有计划定量控制漏损，把漏损水平维持在相关要求的范围之内，并能保证持续、稳定地把漏损水平保持到国家漏损控制目标之内。更重要的是分区计量系统引入了一套适应未来社会发展的新管理理念、管理方法、管理模式、管理结构及其相应的运营管理流程。关于组织架构调整建议见第五章。

无论组织架构如何调整，核心原则是要利于工作协调、提高时间效率、提高经济和社会效益。同时要注意，组织架构调整也意味着对高层管理的管理技术和创新思维的更高要求。组织架构调整系统化建设，从理论上讲应做到以下两点。

① 改变企业的传统管理模式，实行扁平化管理和分区网络化管理，实现面向"服务"的集成化管理目标。这就意味着对企业管理进行重组和变革，重新设计和优化企业的业务流程，使企业内部和外部的信息传输更为便捷，使相关部门实现信息资源的共享，使管理者与职工、各部门之间，以及企业与外部之间的交流和沟通更直接，便于提高管理效率，降低管理成本。

② 运用网络信息技术对供水企业的各类信息流进行有效协调、管理与控制，逐步实现"商流、物流、资金流和信息流"的同步发展，通过四流系统将传统的管理体系打破，实现扁平化的管理方式。通过这个主线条衔接并重建每个部门、每个职工的数字化、智能化、智慧化基础，并逐步达到规范化、标准化的要求。供水企业领导和管理人员根据权限可随时调用、管理有关部门的数据，既能实现资源共享，又能实现实时监控，同时防微杜渐。这样，在新的管理思维、管理模式、管理技术基础上建立起来的新的管理架构才能逐步适应未来网络化、信息化、智慧化的发展。

第二篇

家庭与建筑物渗漏检测与漏点定位

第十一章　家庭与建筑物渗漏检测基本知识

随着社会的快速发展，越来越多的家庭面临漏损检测问题，因此，本书增加了本部分内容。

第一节　常见的建筑物渗漏原因

渗漏是最难解决的建筑物问题之一，它在建筑物中很常见，特别是那些设计和建造质量较差、维护不善的老建筑物。建筑物的渗漏、漏水问题长期以来也一直受到国内建筑物使用者的关注。

虽然液态的水我们都很熟悉，但它的来源和运动、导致渗漏的原因，往往是很难发现的。建筑物渗漏的水可能来自"天然"水源，如雨水和冷凝水，也可能来自供水、排水或空调冷冻水管等输水设施。水的运动可以是水平的，垂直向下的，甚至向上的，因为它受到重力或毛细管作用的影响。热量和热量的差异也会导致水在建筑物中几乎向所有方向的流动。所以，水的运动和分流很难追踪。因此了解建筑结构和水的流动特点，以及使用专门的设备和诊断技术，调查渗漏原因，特别是在复杂情况下，是必不可少的。

第二节　建筑物渗漏原因分析

楼板及天花板渗漏的常见原因如下：

① 厕所、浴室或厨房的接缝、密封剂或裂缝设计、建造及细节不正确；

② 水箱、浴缸、淋浴盘、埋地冷热水管或排水管有裂缝；

③ 管道或防水层因安装固定装置、插座、管道等装修工程而受损；

④ 阳台、遮阳板或外墙等外部设施的防水性能恶化或有缺陷；

⑤ 因排水管阻塞破裂、冷热水管爆裂或从淋浴盘或沐浴区溢出而引起的水浸；

⑥ 暴雨或排水渠淤塞回流引起地下室渗漏；

⑦ 空调安装不当引起的渗漏。

第三节　建筑物渗漏的诊断方法与程序

1. 调查

① 用户或投诉人所告知的瑕疵；

② 缺陷处或附近的所有区域，包括相邻的房间、上面的直接楼层和外墙；

③ 受影响渗漏区的整体范围；

④ 确定需要检查的项目；

⑤ 确认关联区是否受温差影响产生凝结；

⑥ 连续渗漏的进水管道或水表引起的渗漏；

⑦ 热水器漏水；

⑧ 排水管的接头、直管道，是否脱落或损坏；

⑨ 主排污管封闭的砌体及检修口，连接水盆、马桶洁具的排水管脱落、老化、溢水造成的漏失；

⑩ 长期渗漏的持续时间，以及与渗漏有关的细节事宜；

⑪ 现有供水、热水、排水管道的布局是否合理；

⑫ 所有可能渗漏源头的要素及位置，如浴缸、淋浴区、水箱、洗手盆、水槽及地漏，均应加以识别及记录。

2. 诊断方法

诊断方法包括适用于调查过程的可用技术，设备检测，结合技术经验分析，便于诊断出渗漏的原因。并以图表或表格形式提供测量数据，便于检测人员分析渗漏的原因及源头。因此，设备检测是诊断系统的一部分，其他部分则包括检测人员的知识和经验。

（1）适用于渗漏诊断的无损技术或设备（见表 11-3-1 和表 11-3-2）

表 11-3-1　诊断方法及设备一览表

项　　目	技术或设备	原　　理
1	管道内窥镜	检查从内部管道获得的图像或视频
2	染料或化学示踪剂试验	检查染料或化学剂的渗透显现

项　目	技术或设备	原　理
3	电容测量	检测物体电阻抗的变化；材料越湿，响应越好
4	电气接地漏电	在外加电场作用下的表面上，追踪屋顶上可测数据
5	电阻抗	使用电极于两点，检测电阻抗
6	湿度感应器	检查建筑材料的相对潮湿状况
7	微波渗漏检测	测量材料的介电常数而评估游离水分含量
8	核子水分计	用放射性物质来计算氢的含量，物质中的原子
9	核磁共振	用核磁共振波谱仪来探测物质中的氢原子核
10	压力测试	在管道系统中增加压力，观察压力表上的任何压降（压力变化）
11	雷达	对比雷达旅行时间来定位潮湿，湿度区域
12	红外热成像仪扫描	喷水试验前后，对比渗流区的热差
13	超声波传感器	产生超声波探测空气路径

表 11-3-2　辅助调查设备和试验方法

项　目	调查和测试方法	应用环境	作　用
1	声波检测法	检测任何裂纹、试验断点位置（混凝土暗埋管）	确定断点、裂缝，而不是水的路径
2	化学分析	石膏、混凝土样品的实验室科学试验	不能直接检测水源及其水迹破坏试验，不能直接检测水源及水迹
3	水质分析	实验室	对慢流速不敏感
			无法直接定位泄漏点
4	压力测试	检查冷热水供应管	可能损坏管道，压力准备工作需要专用设备
5	泡水		
6	喷水试验		

（2）诊断方法的选择

有关各方，包括客户、管理部门和关联方，必须密切沟通，了解处理程序和进度。不同部位渗漏原因不同，检测修复方法也不同。在建议修复工程前，最重要的是要正确诊断渗漏的根本原因，从源头上阻止渗漏。不同的测试方法会产生不同的结果，但重要的是，所有的测试都要严格按照相关规定的说明进行。必须了解每种测试的优点、潜在缺陷和局限，以确保在各种情况下使用最有效的方法。

经验表明，为了取得成功，每项测试的选择都必须包括下列准则：

① 对潜在的测试问题有清晰的认识；

② 适当地监督和核查操作人员的能力；

③ 适当的参考标准；

④ 实际测试规范、方法说明和校准；

⑤ 详细的检验记录；

⑥ 正确的检查方法和测试时间；

⑦ 测试设备、试剂的安全使用；

⑧ 足够的样本和数据收集；

⑨ 用比较目标建立参考基准。

每种方法或设备都有其优缺点，检测师必须充分了解测试理论，并就个别情况评估每一方案的优点和局限性，其依据有以下几方面。

① 易用性：包括种类、专业知识、解释。

② 准确性：无论是数值还是受影响区域的湿度深层值都是必要的。

③ 所需时间：准备时间、检测时间，待实验室报告确认时间。

④ 造成干扰的因素：虽然有些测试是非破坏性的，但可能会有某些测试前的清洁工程。

⑤ 对被测物的潜在损害：某些测试（例如荧光染料测试或电湿度计）可能对被测试的饰面造成轻微损害或污染。

⑥ 可用性和应用成本：使用设备和检测的方法与其他检测方法的成本比较。

⑦ 关于安全：确保检测师或操作员，以及目标和关联物业的安全。

⑧ 适当性：试验必须在充分考虑所有已知事实后实施，采集数据的形式、采集图像、录像或测量数值。湿气的位置和类型：由于场地的限制，湿气的位置和类型可能会限制测试的选择。

⑨ 关于方法、材料和检查类型：在提出任何试验前，必须在初始规划阶段确定和说明。

3. 诊断程序

诊断程序是用来确定渗漏的最可能原因，所有调查结果，特别是任何第三方的索赔，都应详细记录。

建议采用五阶段调查和诊断方法。

（1）第一阶段：一般评估、研究和规划

简述渗漏问题的现状、历史及条件，确定下一阶段所需的工作。有关方包括受影响房屋的使用人、业主或关联住户，调查结果将有助于检测师在下一个阶段制订最合适的检测方法（包括现场调查、勘测进行和详细规划）。

评估研究过程中需用到以下资料：

① 建筑物的年限、建筑类型和材料；

② 采访、询问客户、物业管理公司等；

③ 观察到的渗漏时间、规律；

④ 天气状况与观察到的渗漏的关系，包括对季节规律的研究；

⑤ 进水及排水的种类、已建成的水管系统、排水系统、建筑物结构关系图；

⑥ 存在（如有）单位或违规建筑工程及其影响；

⑦ 所有输水管道的路线和位置；

⑧ 投诉人住所及关联住所（包括公共地方）的翻新、改建、加建、装饰及维修记录。

（2）第二阶段：详细的现场调研

必须进行详细的现场调查，以确定污染程度和历史渗漏、污迹、损坏情况等。目视检查后，应用适当的测试（如有必要）收集重要数据作为证据。

使用工具及文件如下：

① 镜子，检查外墙凹入区域；

② 手电筒，用于照明；

③ 手锤，用于任何怀疑有缺陷的混凝土或观察到的水渍显现的饰面；

④ 双筒望远镜，用于从远处观察管道和外墙状况；

⑤ 荧光染料和紫外线手电筒；

⑥ pH 试纸或酚酞试剂和尿液试纸；

⑦ 规范的建筑图纸，以确定任何改建及违建工程；

⑧ 记录水管及排水系统的图册，以确定隐蔽水管及排水管道的路线；

⑨ 湿度测量仪；

⑩ 照相机。

现场调查完成后，记录日期、天气条件、检查方法或样品信息，作为进一步分析和完成报告的依据。

检查范围如下：

① 投诉人所告知的瑕疵；

② 缺陷处或附近的所有区域，包括相邻的房间、上面的直接楼层和外墙；

③ 受影响的渗漏区的整体范围；

④ 须检查的项目；

⑤ 检查关联区是否受温差影响产生凝结；

⑥ 适用于任何连续渗漏的进水管道、水表的流量；

⑦ 热水器漏水；

⑧ 排水管的接头、直管道，是否脱落或损坏；

⑨ 主排污管封闭的砌体及检修口，连接水盆、马桶洁具的排水管脱落、老化、溢水造成的侵害；

⑩ 渗漏开始的时间与持续时间及渗漏的详情；

⑪ 现有的管道布局与室内布局；

⑫ 所有可能渗漏的源头的要素及位置，例如浴缸、淋浴区、水箱、洗手盆、水槽及地漏；

⑬ 建筑元素和饰面；

⑭ 所有观察到的缺陷或附近的建筑构件和饰面。

记录缺陷和发现：

① 水渍的状况（如干、湿）；

② 投诉人房间所观察到的缺陷的对应位置，以及怀疑渗漏源自的区域；

③ 显现的形态、方向、气味、颜色、层次等。

照相记录：

① 建筑的一般视图。

② 所观察到的缺陷的特写照片，并以适当比例标示。

分析：

有关渗漏的分析须以实地视察为基础，并提供渗漏的发生情况及持续时间、渗漏范围记录。投诉人（如有）、业主、物业管理员所提供的资料，必须先核实，参考使用。

列出所有可能的来源和原因。根据发现，推理和判断排除不可能的原因。如果仍然存在一种以上的可能性，建议进行进一步的测试，以验证所有可能的来源和原因。

一个简单而常见的测试方法是注意渗漏的形态和时间。例如，考虑渗漏是连续的、还是周期性的或间歇性的，是否与雨天或用水洗漱后有关，等等。客观评估收集到的证据，确定渗漏的来源、原因和途径。考虑使用科学的"假设测试"方法。专业的检测师根据经验首先假设最可能的渗漏源，然后收集证据并进行分析。这个过程类似于利用收集到的证据逐个地排除不正确的假设。如果假设不成立，专业的检测师必须得出结论，说明最可能的渗漏原因。

结论：

找出渗漏的源头、原因及途径，确定责任方（视服务的参与情况而定），并建议适当的维修方案（视服务的参与情况而定）。

（3）第三阶段：调查结果分析

分析调查结果，并确定是否修改调查结果。根据在第一、第二阶段所获得的资料，利用假设测试来缩小可能的渗漏源。

虽然目视检查不能进行很深的调查，但水分巡检或使用非破坏性技术的检测将提供肉眼看不见的水分路径指标。

如已查明来源或原因，检测师可拟定检测报告，如果没有明确的证据，应进一步的复检，以核实对可疑项目的所有可能性，并确认下个阶段的检测方法。

（4）第四阶段：通过进一步的测试进行验证和确认

检测师进行复检后仍然不能得出结论，如有需要，可采用浸水、淋水或染色试验、热成像扫描或其他技术方法，获得更多证据支持诊断。

对淡水、污水、废水及粪水进行区分，这些类型的水在化学性质上的差异是明显的：淡水是中性的，被污染的水含有尿液，废水有时是碱性的，冲厕水是酸性的（如果使用海水）。使用 pH 指示剂（如石蕊试纸或酚酞指示剂）和尿液试纸对渗漏的水或潮湿表面进行取样，可以排除渗漏的某些原因。

如仍不能确定渗漏的来源，则可能需要增加使用先进精密的检测设备，包括破坏性测试（有损）。

（5）第五阶段：拟备调查报告

调查结果应包括专业报告与建议方案。调查和报告的目的必须在报告开头加以明确。

调查的方法和范围、检测的细节由实验室或现场检测师以表格或图表的形式呈现，并对结果进行解释。必须使用摄影记录和带注释的平面图作说明。必须清楚地说明调查、诊断和结论的局限性。报告还必须说明所有的假设、过程、数据、显现、化验报告等使用的设备仪器。

第四节　建筑物埋地供水、热水管道渗漏点定位技术

建筑物埋地供水、热水管道渗漏点定位宜采用无损检测方法进行。无损检测的本质是其过程不产生有害影响和破坏任何设施的材料、结构。了解各种无损检测的原理，正确掌握使用科学的设备和方法进行渗漏诊断，对专业的检测人员具有重要的意义。目前最常用的五种测试方法是：荧光染料测试、快速红外热成像扫描、电湿度计、泄漏跟踪方法和微波泄漏检测。其中荧光染色剂测试不适用于供水管道渗漏定位。

1. 荧光染料测试

荧光染料测试是确定内部渗漏源头的常用手段。利用荧光染料测试追查渗漏源头的荧光染料是以液体溶液或药片形式存在的彩色染料，很容易获取，如图 11-4-1 和图 11-4-2 所示，这是一种低成本的选择。然而，卫生设备或饰面被污染的情况可能会引起业主不满，使一些业主不愿合作。不同颜色的染料可以被追踪到不同的来源，在检查中以确定渗漏来源，有时也会导致混淆。样品也可能需要收集并在实验室测试，才能得出结果。

在这类测试中，染料溶液被应用到可疑的源头，在适当的时间间隔后，检查潮湿区域的这种染料是否存在。目前常用的染料是荧光染料。它们在紫外光照射下会发光，因此需要在黑暗环境下用紫外光灯进行检查。建议在初次渗漏时，选

择最可疑来源处，只使用一种染料。

图 11-4-1　荧光染料

不建议使用易燃或有毒的化学品。测试应该在没有明火或火花的地方进行。测试的部件应该清洁、干燥、无异物和涂层（如固体污染物和可能掩盖表面缺陷或导致错误指示的油脂）。

如果使用荧光染料测试，请严格遵守制造商推荐的程序，包括稀释染料溶液达到所需浓度。一束明亮的光会精确地指出泄漏的精确位置，如图 11-4-3。对于不同的材料应该合理安排测试染料。

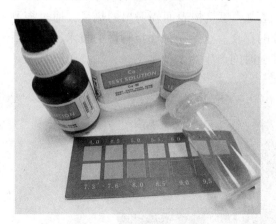

图 11-4-2　荧光剂测试

图 11-4-3　观察工具

电筒光线会使荧光染料发出荧光从而确定泄漏位置，如果泄漏处可见荧光染料，则结果为阳性。证据可以通过拍摄区域的照片记录下来。在某些情况下，染料可能不会在短时间内被发现。应该留出足够的时间让它通过渗漏路径，这个时间可能会持续一天甚至一周以上。然而，染料测试并不是所有环境都能使用的，如潮湿环境就不能使用。潮湿环境需要采样回实验室试验来确定来源。

荧光测试的优点是能够发现多种间歇性甚至是微小的泄漏，而这些泄漏是任何其他方法都无法检测到的。荧光染料易于携带、可靠、经济。易于使用，操作简单。

荧光测试的缺点如下：

① 表面的纹理和渗透性能将影响测试结果的准确性；

② 浅划痕或污迹会影响检测结果；

③ 定性检测裂缝的存在，但不能检测含水量；

④ 化学试剂有一定污染性，会污染水源，测试周期长，技术含量较低；

⑤ 检测效率不易与其他高科技、无损检测方法相比较；

⑥ 染料粉末溶解不完全；

⑦ 染料溶液沿裂缝吸收或过滤会导致染料无法到达潮湿区域；

⑧ 在潮湿区域添加染料和取样之间的时间不够，容易造成漏检；

⑨ 如果试验是在与胶凝材料接触的情况下进行的，有些染料在碱性条件下可能变得不稳定；

⑩ 如果使用过强的溶液，有时会在意想不到的地方留下难看的污渍。

因此荧光染料测试需要提前对测试面进行清洁。这种方法适用于因重力或毛细管作用渗漏的情况，适用于有孔、裂缝或小孔的平面，对大于 1 mm 宽度的微裂纹较敏感。如表面无裂缝，着色效果较差。

2. 红外热成像扫描

红外热成像仪（见图 11-4-4）检测从建筑物表面辐射出的热量，通过探测到的热辐射的变化，可以推断出水分的存在。这是一种非接触性的技术，特别适用于显示和记录表面的水分轮廓及其随时间产生的变化。

图 11-4-4　红外热成像仪

　　红外热成像仪检测测量表面辐射的热量，当应用于渗漏检测和诊断时，由于潮湿区域比邻近区域辐射的热量少，因此热传感器能够通过所捕获图像的颜色变化形式来区分这些区域。

　　这个过程本质上是相对的，不应该被认为能够给出水分的绝对值。这是一种可以远距离检测水分变化的方法。

　　红外热成像仪有各种不同规格和型号，各自的性能和参数也略有不同。热成像检测可应用于混凝土、地砖、砌体、木材和油漆饰面。红外热成像仪（0.1℃，热敏成像320像素×240像素）可以用于第一次扫描，它可以提供可能受到渗漏影响的位置和区域的整体图像，如图11-4-5所示。越复杂、昂贵、分辨率越高的红外热成像仪（0.03℃，热成像640像素×480像素），对详细的测量、映射和监测的效果越好。

图11-4-5　红外热成像仪

　　摄像头与被测物体之间必须无障碍物，并有适当的观察距离和角度。操作人员需熟悉操作规范，以确保拍摄到最佳图像，拍摄过程必须严格遵守制造商的推荐程序。图像的分析也需要由有经验的分析人员来进行。

　　扫描结果可能会由于建筑表面和相机之间空气的热量干扰而产生失真。数据可以连续视频格式或一系列照片的形式收集。由于寻求的热差通常非常小，静态数字照片中的数据可以通过专门的软件处理并提供进一步的分析，以一个图形包来显示或打印结果。

　　红外热成像扫描是一种现场调查方法，可实时获取温度读数，适用于温差较大环境，设备轻便。但存在以下缺点。

　　① 由于缺陷（如剥落和锈斑）或湿气以外的特征（如热水管道或电气管道）

造成的热像差而可能导致误判。为了避免对结果的误读，需要具备建筑施工的专业知识。

②必须注意可能影响测试有效性的阳光反射、空调、加热器、冷热物体等。

③热量反射可能导致错误的结果。当一个可疑的渗透区域被检测到，移动相机周围的位置和不同的角度，如果"热点"仍然出现，它很可能是一个渗漏区，而不是反射区。

④设备对周围热环境和风敏感。

热成像扫描方法的局限性如下：

①只对地表排放有反应；

②仅表示有水分存在，但无法确定来源；

③不适合光滑反射表面，如金属或水面；

④只有在夜间工作才可以获得最佳成像条件；

⑤无法对含水率进行绝对测量，只能给出定性的数据；

⑥图像只能由经验丰富的专业人士进行分析；

⑦在得出一个有效的结论之前，需要排除除水分以外的物理原因。

3. 电湿度计

图 11-4-6　电湿度计

电湿度计是一种传统的传导式湿度计，用于测量受影响区域的湿度水平（见图11-4-6）。电湿度计是追踪渗漏源头最常用的工具之一。电湿度计有两种类型：一种是电阻（电导）测试表面，测量两个针脚之间的电阻，一般深度为3 mm；另一种是测量测试材料的介电常数，介电常数随含水率的变化而变化，深度可达20 mm，但是这种测量是无针孔的。由于电湿度计是便携式的，单个测量可以在几秒内完成，因此在调查过程中作为第一个快速扫描工具。

电湿度计测试电极探头之间物体的电导率。在物体表面的两点上施加一定的电压。电流的大小与电阻成反比。对于给定的材料，可以精确地建立电阻与含水率之间的关系，从而可以确定其含水率。这是一种经过验证的含水率测量技术，也是一种检测砌体和混凝土湿气的有效工具。一般来说，一个物体越潮湿，它的电阻就越低，导电性就越高。

电湿度计检测材料越湿，阻抗越小。导电板被放置在材料的表面，所得到的读数大小受含水率大小的影响。因此，被检测的表面不会留下痕迹。

电湿度计通常对土泥、砖块、木材、楼板、地毯和绝缘材料敏感，适用于水泥、石膏基碎石、混凝土、瓷砖、玻璃纤维、玻璃钢、油漆等建筑表面。不同的量程适用于不同的测试材料。

测量值应参照房屋内的其他表面，需要记录环境温度，以便更容易地校准读数。设备和测试对象的表面必须保持干燥，没有污染物和盐。得到的任何含水率都能反映水分梯度和轮廓。温度补偿和调整应参照校准温度（通常为20℃）进行，用户应参阅制造商的操作说明。

表面涂层厚度和材料会影响仪表读数。采集几个读数的平均值，是一个很好的做法。结果的准确性取决于探针与测试材料的接触程度、温度、密度、pH、压力等。

电湿度计检测的优势在于操作简便、设备重量轻、检测速度快，非破坏性检测不会刺穿测试对象，非针式介电湿度计不会在测试对象表面留下痕迹，能够绘制水分梯度及轮廓，同时能绘制缺陷区域含水率图。但电湿度计在测试时需要选择正确的测试模式用于检测不同材质的构筑物表面。电湿度计读数会受材料密度、测量表面光滑度、周围温度、表面污染物、手压电极力度，以及与测试材料之间的接触面积的影响。电湿度计不能在导电材料上使用，不适合测量大理石或清水混凝土等硬表面。

4. 微波扫描仪

微波扫描仪是通过测量被测材料的介电常数来评估"自由"水分含量。这种仪器能立即测量到一定深度材料的含水率。这项技术相对较新，用户可能需要花费一定的时间和成本来熟悉它。这种仪器的初始成本比大多数其他设备高得多。但是微波扫描仪很轻、很小，携带方便，而且很容易使用。此外，使用微波扫描仪的另一个优点是不需要与被测材料直接电接触。电接触指的是导体相互接触可以使电流通过的状态，见图11-4-7。

微波检测法适用于大多数多孔材料，如混凝土、砂石、管道等。它不能用于某些材料，如金属材料必须进行测试，并谨慎解释测试结果，因为钢筋可能会影响测试结果的准确性。仪器表面应保持干燥，并按适当的间隔和计划进行测量。

需要经验丰富的操作人员操作该仪器，以确保严格按照制造商推荐的程序进行最佳操作。以

图 11-4-7　手推微波扫描仪

湿比重形式解释数据，所采集的湿比重也需要经验丰富的人员进行分析。微波设备具有多种灵敏度，探头可以探测到深度达110 cm的分层游离水分。

检查结果是否准确，用户无须特别校准，表面潮湿会导致读数偏高，材料中

的金属含量（例如嵌入的金属管道和钢筋）可能会影响结果的准确性，该仪器对材料的密度变化不敏感。

微波扫描仪的优势有：灵敏度高，无损检测不破坏建装饰面，能提供即时测量与定量数据，与温度、压力、粒度、材料密度无关，不受表面杂质影响，对非均匀样品和带水样品检测可靠且相对精确。

微波扫描仪应用中的注意事项如下：

① 某些陶瓷可能会导致检测错误；

② 检测材料中存在金属（如混凝土钢筋）可能会导致错误的读数；

③ 测试物体表面附近的水会严重影响读数，应保持表面干净平整；

④ 只能用于测量墙面或地面以下的分层湿度；

⑤ 注意测试模式的选择和分析。

5. 听音法检测

听音法是借助听音仪器设备，通过操作人员辨识漏水产生的噪声来推断供水管道漏水位置的方法，因此，实施听音法要求在管道现状资料和供水信息资料基础上，为保证取得较为理想的探测效果，同时要求管道供水压力较大、环境相对安静。与市政埋地管道不同的是，建筑供水埋地管一般埋设于混凝土中，多为渗漏，漏水声小。所以在实际检测中可能会给室内供水管道增加压力，以增大漏水噪声，提高检测效率。

详细介绍见第六章第三节听音法。

6. 气体示踪法检测

当采用其他探测方法难以定位泄漏点时，气体示踪法是一种比较好的检测方法。

详细介绍见第六章第四节气体示踪法。

总之，在实际应用中需要针对不同情况选择合适的检测技术。没有一种通用的渗漏测试方法或设备能适用于所有情况，只有深入了解每种检测和诊断技术的基本原理，才能选择合适的检测方法。结合现场环境选择适当的检测和测试技术，并坚持五个阶段的调查和诊断方法，才能更高效、准确地完成渗漏检测工作。

对于渗漏的真正原因，不同测试方法或技术的应用可能会产生相同的结果。然而，方法、程序的选择和结果的解释需要经过专门训练的专业人员的技能、经验和判断，他们对建筑施工、装修及当地的施工实践有丰富的经验。使用哪种方法需要根据现场环境来合理选择。不正确地使用技术会导致精力浪费、混淆渗漏的可能原因，正确地选择技术设备，必须保证对当前检测无害，不破坏、污染检测环境。为保证检测效果，必须事先知道各种设备和方法的优点和局限性，以确保在每种情况下使用最有效的程序。例如，电湿度计和荧光染料测试是常见的技术，但是它们的局限性还没有得到充分的认识。另外，需综合考虑操作和维护成本。

7. 报告

（1）报告范围

报告必须以案例研究、检测收集的证据，以及适当和客观的测试结果为依据，参考调查及诊断过程中所采集的记录。

以下是典型渗漏调查报告中常见标题的例子。本清单连同报告范围的要素可发展成为一份报告范本，适用于编制在不同情况下的渗漏调查个案报告，以及用作不同用途，例如做记录、申诉或诉讼之用。

① 执行要素；

② 项目情况描述；

③ 检查的日期和次数；

④ 专业检测师的名称、职位及资格；

⑤ 天气情况；

⑥ 检测所使用的方法和设备；

⑦ 检测的摘要，包括调查结果；

⑧ 有关各方提供的资料；

⑨ 每种缺陷的类型、范围、显现处、严重程度和现场发现的情况；

⑩ 测试总结，包括所进行的类型，以及每项测试的详细情况；

⑪ 分析原因和来源，得出结论；

⑫ 调查的局限性；

⑬ 建议和补救措施图示，包括位置图、有关处所的图纸；

⑭ 排水图、检测到的潮湿模式、显示观察到的缺陷的照片标记图，以及关联照片；

⑮ 检验表格须附有专业检测师的签名。

（2）诊断表述

观察结果应以叙述的形式进行讨论，必须表述事实、描述条件和作出评论。检测和测试结果可以用数值表的形式表示，图表可以用来说明趋势，所有的观察结果和测试结果必须清楚地呈现出来。

分析应有重点，并符合报告的目标。现场发现可用逻辑推理或排除法这两种方法。重要的是，这些分析应代表对所提出的所有数据的正确看法。所有的可能性和限制都需要解释清楚，而不是回避问题。根据症状和相关分析，可以得出渗漏的原因或者缩小范围，并诊断出最有可能的渗漏原因。

注意：研究结果必须有令人信服的数据分析和理论依据。这里必须强调的是，检测师的经验、知识和技能（细节）是影响其在应用测试和得出正确诊断结果的重要因素。

（3）得出结论

结论部分是对研究结果和分析的综合报告，以证明各项目标已经实现。此外，它应强调调查的所有理由和采用的方法，所有章节都应该放在一起，结论应简明扼要，结论的语气应明确无误。

（4）注意事项

所有报告必须正确打印和装订，并有清晰一致的页码编号。

在联合专家报告的情况下，对每一项建议均应明确表示同意或不同意。其他专家的不同意见，必须有充分的论据。

参 考 文 献

［1］中国城镇供水排水协会．城镇供水管网漏损控制及评定标准：CJJ 92—2016．北京：中建筑工业出版社，2018．

［2］城市建设研究院．城镇供水管网漏水探测技术规程：CJJ 159—2011．北京：中国建筑工业出版社，2011．

［3］北京埃德尔公司．分区计量管理理论与实践．北京：中国建筑工业出版社，2015．

［4］中国城镇供水排水协会．2018 年城市供水统计年鉴，2019．

［5］MORRISON J，TOOMS S，ROGERS D．DMA management guidance notes．International Water Association，2007．

［6］北京博宇制图信息技术有限公司．卫星探漏．2019 年地下管线专业委员会漏水控制交流会议，遵义．2019．

［7］张建．探地雷达在管道漏水检测中的应用研究．勘查测绘．2016（7）．

［8］高伟，刘志强，毋焱．关于落实住建部城镇供水管网分区计量工作指南：供水管网漏损管控体系构建的感悟．中国供水节水报，2018-09-12．

［9］（中国）香港特别行政区政府建筑署．建筑工程总规范，2007．

［10］郭博．立柱结构的无损检测．台北：台北土木工程出版社，2001．

［11］国际原子能机构．无损评价手册，2001．

［12］国际原子能机构．混凝土结构无损检测指南，2002．